数码摄影后期必备技法
Photoshop CS6/CC
旅行风光篇

孙树娟　编著

人民邮电出版社
北京

U0321284

前　言

Photoshop 在图像处理领域已经独领风骚十数年，而今又在数码照片处理领域独占鳌头，因为其强大的图像处理功能十分吻合照片处理领域的技术需求。

本书正是一本讲解如何使用 Photoshop、Camera Raw 及外挂插件进行风光照片后期处理的技术型图书。与当前图书市场上已有的许多同类产品相比，本书具有以下鲜明的特点。

鞭辟入里的操作解析

本书每个案例的讲解都不只是简单的阐述操作步骤。这些步骤都是针对当前案例而言的，如果只是让读者学会操作步骤，对掌握案例的精髓乃至照片后期处理技法来说是不够的，有违写作本书的初衷。本书不但要帮助读者学习后期处理技术的运用，更重要的是要让读者真正掌握后期处理的思路，这样才能够通过学习，应对各种不同的后期处理需要。

因此，笔者本着"授人以鱼不如授人以渔"的讲解原则，首先让每个案例都从案例概述、调整思路以及技术分析 3 个模块开始，分析问题的成因、解决问题的方法以及实现的技术，让读者在学习前，对案例有整体的了解，然后在每一个步骤的讲解中，又会详细分析"做什么""为什么这样做"以及"为什么不那样做"等，让读者真正将每个案例"学透"，掌握其精髓，以应对各种不同的后期处理需求，最后在"调修步骤"模块中，按照前面分析的结果，进行详细的操作步骤讲解。

必学的后期处理知识 + 精选的 38 个案例

本书第 1 章讲解风光照片后期处理的基本思路与流程，然后以直方图和色轮为引导，重点讲解了风光照片中的曝光与调色原理及相关技术的用法，再加上对无损处理的分析及相关技术的讲解，让读者掌握一些必要的基础理论，从而为后面学习和理解案例的处理思路，做好充分的准备。

本书精选 38 个风光照片处理案例，其中第 2~5 章分别从构图、锐化与降噪、曝光及调色的角度，配合精美、典型的处理实例，讲解最基本、最常用的风光照片后期处理技术，让读者对这些基础技术有充分的了解，为后面进行更复杂、更具综合性的处理工作打下坚实的基础。第 6~9 章选取风光摄影中最常见的题材，如日出日落、建筑与人文古镇、山川流水及夜景等，讲解从原片到成片、从 RAW 到 Photoshop 的多维度后期处理工作，除了让读者能够从这些典型案例中学习到综合性的后期处理技术外，更重要的是理解其中的处理流程与思路，以真正掌握风光照片后期处理的技法。

"里应外合"，一个都不能少！

Photoshop 固然是一款极为优秀的照片处理软件，但在部分功能上，并不如一些专门的插件实用，尤其是近年来随着 RAW 这种具有极高宽容度的格式的普及，很多摄影师都会先在 Camera Raw 中对照片做大部分处理工作，再转至 Photoshop 中进行进一步的合成与润饰。因此本书并未拘泥于 Photoshop 本身的功能，而是本着让读者"出色、高效"完成后期处理工作的目的，讲解大量 Adobe Camera Raw 及其与 Photoshop 相配合进行风光照片处理的案例。此外，还加入了一些非常优秀的插件，如优秀的降噪软件 Noiseware，以及合成高质量 HDR 照片的 Photomatix Pro 等。

100% 视频讲解，大幅提高学习效率

笔者委托专业的讲师，针对本书中的所有风光照片处理案例，录制了多媒体视频教学课件，如果在学习中遇到问题，可以扫描每个案例的二维码，观看相应的多媒体视频解释疑惑，提高学习效率。

限于水平与时间，本书在操作步骤、效果及表述方面定然存在不少不尽如人意之处，希望各位读者指出，笔者的电子邮箱地址是 Lbuser@126.com。建议大家扫描下方的二维码，关注 Photoshop 类软件学习微信号 PS17XX（PS 一齐学习的谐音），我们会在微信上每天提供最新鲜、实用的 Photoshop 学习内容。

本书是集体劳动的结晶，参与本书编著的包括以下人员：

雷剑、吴腾飞、左福、范玉婵、刘志伟、李美、邓冰峰、詹曼雪、黄正、孙美娜、刑海杰、刘小松、陈红艳、徐克沛、吴晴、李洪泽、漠然、李亚洲、佟晓旭、江海艳、董文杰、张来勤、刘星龙、边艳蕊、马俊南、姜玉双、李敏、邵琳琳、李亚洲、卢金凤、李静、肖辉、寿鹏程、管亮、马牧阳、杨冲、张奇、陈志新、刘星龙、马俊南、孙雅丽、孟祥印、李倪、潘陈锡、姚天亮、葛露露、李阗琪、陈阳、潘光玲、张伟等。

本书光盘中所提供的素材图像仅允许本书的购买者使用，不得销售、网络共享或做其他商业用途。

编　者

目　录

Part 02　旅行风光照片处理实战

Part 03　旅行风光照片处理专题

Part 01
旅行风光照片处理基础入门

第 1 章 | 旅行风光照片润饰技术

1.1 旅行风光照片处理的基本流程

　　下面的流程图展示了处理风光照片时最常见和常用的手法，但并非每幅照片都一定要按照这些流程依次进行调整。当某部分足够满意时，自然就可以跳过某个流程，继续下面的调整。本书在后面的讲解中，对上述流程中的绝大部分内容都有所涉及（当然，本书所讲解的内容绝不止这些，因为它们只是最基础、最常见的处理手法），并通过针对性的实例进行讲解，比如关于对图像进行锐化处理的操作，可以参见本书第3章的内容。

　　下面来大致介绍一下各项修饰的基本概念，希望能够对后面的学习起到一个引导的作用。

1. 尺寸与构图

　　关于文件的存储容量，目前主流的千万像素的相机所生成的JPEG格式的照片往往高达8～10MB甚至更大，很不利于传输和网络发布，因此将其调整到一个合适的大小就成为

一个必然的操作；同时，减小文件的存储容量也能够增加Photoshop处理图像的速度。画面的二次构图则是一个比较深奥的话题，简单来说，就是对原本不太好看或不太合理的构图进行校正处理，例如通过裁剪照片来突出照片的主体就属于典型的二次构图。从更广义的角度来说，校正照片透视、拼合全景图等，也属于二次构图的范畴。以下面的照片为例，照片中的元素较多，而且存在明显的透视变形问题。

　　下图所示是通过裁剪并校正建筑透视后的效果。

2. 曝光调整

　　简单来说，照片后期调整中所说的曝光问题，大致可以分为"曝光不足"和"曝光过度"两大类，其中也可以细分为局部或全局曝光问题等，它们的后期调整方法也不尽相同，但总体来说，仍属于对亮度及对比度进行调整的范围。我们可以先针对整体进行大范围的校正，然后再针对局部的问题进行修饰。下图所示是调整前后的照片。通过校正曝光不足，并适当进行色彩校正，照片显得更加美观、通透。

4. 瑕疵修复

传统的瑕疵修复主要包括修除杂物、消除噪点等。对风光类照片来说，主要以较大或相对较大的场景为主进行拍摄，其中要修除的杂物较少，反倒是噪点修复的工作相对要多一些。究其原因，主要是最佳的风光拍摄时间通常集中在日出和日落前后，光线不太充足，往往要以较高的 ISO 感光度进行拍摄，因此容易出现较多的噪点，这会大大影响照片的质量，因此要注意进行恰当修复，并保留细节。

下图所示是原照片，以及消除噪点前后的局部对比。

3. 色彩校正与润饰

色彩校正通常是指受到环境光或相机白平衡设置等因素的影响，照片整体偏向于某种色调，此时需要将其恢复为正常的色彩。润饰色彩与色彩校正有较大的差别，主要是针对低饱和的色彩进行校正，或对现有的色彩进行改变等。在处理时要特别注意，调整后的色彩应该保持自然，符合照片的环境要求。

值得一提的是，若相机支持，或采用 RAW 格式拍摄照片，其保留的原始信息可以让后期处理获得更大的调整空间。

下图所示是曝光与色彩均处理得非常到位的照片。

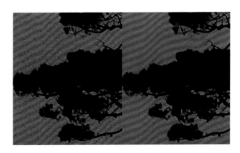

5. 锐化润饰

锐化润饰主要包括两部分，即改善模糊照片与强化照片清晰度。前者属于对拍摄时由于相机抖动、物体晃动等原因造成的照片缺陷进行校正，它属于很难完美校正的问题，因此在前期拍摄时要特别注意保持照片的清晰；后者则是对照片细节的强化，使细节部分变得更为丰富，往往是在照片处理的最后，再有针对性地进行清晰化润饰即可，但要注意避免锐化过度，以防画面过于干涩，缺少通透感。

下图所示是原照片，以及锐化前后的局部对比。

1.2 常用调光处理技术

曝光处理主要是指调整照片的明暗，显示亮部与暗部细节等处理操作。即使照片的曝光正常，通常也需要对对比度进行适当调整，以得到更加通透的视觉效果。下面就来讲解一些常用的照片曝光处理命令，用户可以根据调整需要选择性使用。

1.2.1 基于直方图的风光照片调光原理

在"直方图"面板观察照片的直方图，可以判断照片的亮度及色彩信息，其中最为常用的就是通过亮度直方图，判断照片是否存在曝光过度或曝光不足的问题。本例就从直方图的基本概念入手，配合照片实例分析其作用。

1. 直方图的概念

直方图又称质量分布图，它是一种统计报告图，常见的表现形式是由一系列高度不等的纵向条纹或线段表示数据分布的情况，其中横轴通常用于表示数据类型，纵轴表示分布情况。

下图所示就是由 Excel 制作的典型直方图，其横轴表示相机的品牌，纵轴表示数量，由此，我们就能够直观地了解各机型品牌的数量分布情况。

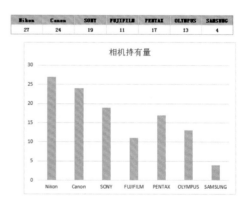

2. 照片中的直方图

照片中的直方图主要是指照片的亮度直方图，相机或各种照片浏览、照片处理软件都会提供直方图功能，以帮助摄影师了解照片的亮度分布情况。

在下面的示意图中，提取了一幅照片中 5 像素 ×3 像素的区域，并对其不同明暗的像素进行了数字标记，然后将其以直方图的形式表现出来。这就是照片亮度直方图的基本组成原理。

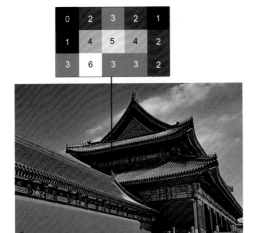

下图显示的是统计结果，横轴表示灰度级别（0～6），纵轴表示每种灰度的像素量。

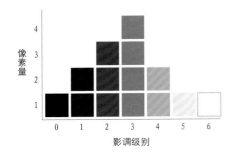

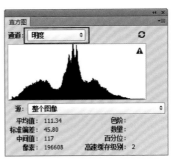

在上面的示意中，提取了0～6共7种亮度信息，而真正的直方图则是将所有的亮度信息划分为256个等级，即0～255，从而构成一幅照片的完整亮度直方图。通过观察照片的直方图，你可以了解照片每个亮度色阶所含像素的数量及各种像素在照片中的分布情况，从而识别照片的色调类型并确定调整照片时的方法。

下图所示为完整的原始照片及其对应的"直方图"面板，摄影师可以选择"窗口-直方图"命令以显示此面板，并在其中选择"明度"选项，以查看常用的亮度直方图信息。

当前照片的像素亮度值的统计信息出现在"直方图"面板的下方，具体含义如下。

- 平均值：表示平均亮度值。
- 标准偏差：表示亮度值的变化范围。
- 中间值：表示亮度值范围内的中间值。
- 像素：表示用于计算直方图的像素总数。
- 色阶：表示指针位置的亮度级别。
- 数量：表示相当于指针位置亮度级别的像素总数。
- 百分位：显示指针位置所处的级别或者该级别以下的像素累计数。该数值表示为照片中所有像素的百分数，从最左侧的0%到最右侧的100%。
- 高速缓存级别：表示照片高速缓存的设置。

3. 三大影调照片的直方图特点

对于暗色调照片，直方图将显示有过多像素集中在阴影处（即水平轴的左侧），而且其中间值偏低，对于此类照片应该根据像素的总量适当地调亮暗调区域。

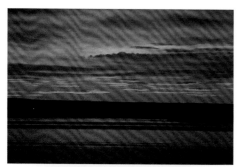

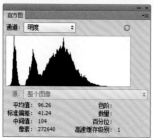

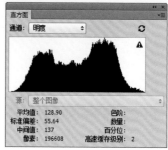

对于亮色调照片，直方图将显示有过多像素集中在高光处（即水平轴的右侧），对于此类照片应该根据像素的总量适当地调暗亮调区域。

以上所述的各种照片类型及调整方法并非绝对，因为在某些情况下由于构图（如夜景或者雪地等）的影响，照片中存在大面积阴影及亮调，直方图的像素同样会在水平轴的一侧大量聚集，但这样的照片可能无需调整。

1.2.2 亮度/对比度——快速调整照片亮度与对比

选择"亮度/对比度"命令可以方便快捷地调整照片明暗度，对于一些只需要简单提亮、压暗或增强对比度的照片，可以考虑使用此命令。选择"图像-调整-亮度/对比度"命令即可调出其对话框。

对于色调均匀且连续的照片，直方图中的像素将均匀地分布在照片的中间调处（即水平轴的中央位置），此类照片基本无需调整。

"亮度/对比度"对话框中的参数解释

如下。

- 亮度：用于调整照片的亮度。数值为正时，增加照片亮度；数值为负时，降低照片亮度。
- 对比度：用于调整照片的对比度。数值为正时，增加照片的对比度；数值为负时，降低照片的对比度。
- 使用旧版：可以选择此选项，来使用CS3版本以前的"亮度/对比度"命令调整照片。不建议选择此选项。
- "自动"按钮：单击此按钮后，即可自动针对当前的照片进行亮度及对比度的调整。

下图为调整亮度与对比度前的原照片。

下图为调整亮度与对比度后的效果。

1.2.3 阴影/高光——恢复照片暗部与亮部的细节

使用"图像-调整-阴影/高光"命令，可针对照片中过暗或过亮区域的细节进行处理：拖动"数量"滑块即可提亮照片的暗部、

加暗照片的亮部；选择"显示更多选项"命令则可以进行高级的参数设置。

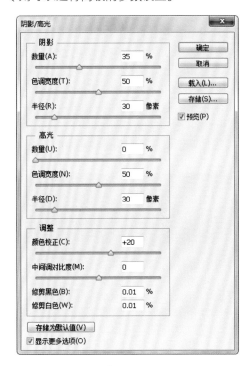

"阴影/高光"对话框中的参数解释如下。

- 数量：在"阴影"或"高光"区域中拖动该滑块，可以对照片暗调或高光区域进行调整。该数值越大则调整的幅度也越大。
- 色调宽度：在"阴影"或"高光"区域中拖动该滑块，可以控制对照片的暗调或高光部分的修改范围。该数值越大则调整的范围也越大。
- 半径：在"阴影"或"高光"区域中拖动该滑块，可以确定照片中哪些区域是暗调区域，哪些区域是高光区域，然后对已确定的区域进行调整。
- 颜色校正：拖动该滑块或在此数值框中输入数值，可以对照片的颜色进行微调，数值越大则照片中的颜色饱和度越高，反之则照片颜色的饱和度越低。
- 中间调对比度：拖动该滑块或在此数

值框中输入数值，可以调整位于暗调和高光部分之间的中间色调，使其与调整暗调和高光后的照片相匹配。

- 修剪黑色、修剪白色：在该数值框中输入数值，可以确定新的暗调截止点（设置"修剪黑色"数值）和新的高光截止点（设置"修剪白色"数值）。这两个数值设置的越大则照片的对比度越强。

下图所示为显示阴影处细节前的原照片。

下图所示为显示阴影处细节后的效果。

1.2.4 色阶——高级调光命令

"色阶"命令是照片调整过程中使用最为频繁的命令之一，它可以调整照片的明暗度、中间色和对比度。另外，使用此命令中的设置灰场工具 ，还可以轻松地执行校正偏色处理。

按快捷键 Ctrl+L 或选择"图像－调整－色阶"命令即可调出该对话框。

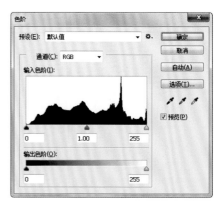

下面来分别讲解"色阶"命令各部分功能的用法。

1. 使用滑块调整照片对比度

使用"色阶"命令可以简单、快速地调整照片的明暗度，其操作步骤如下。

（1）提亮照片

打开随书所附光盘中的文件"第1章\1.2.4-1- 素材 .JPG"。

按快捷键 Ctrl+L 应用"色阶"命令，如果要增加照片的明度，在"输入色阶"区域中向左侧拖动白色滑块即可。

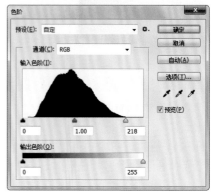

（2）降暗照片

如果要增加照片的暗度，可以向右侧拖动"输入色阶"区域中的黑色滑块。

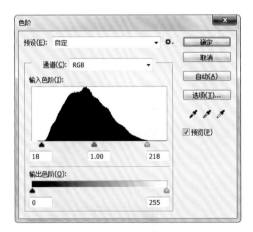

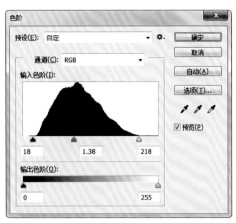

向右侧拖动则可以调暗中间调照片。

（4）调整"输出色阶"滑块

在"输出色阶"区域中的滑块，可实现提亮阴影区域或降暗高光区域的目的。

如要降低照片的明度，可以向左侧拖动"输出色阶"区域的白色滑块。

如要降低照片的暗度，可以向右侧拖动"输出色阶"区域的黑色滑块。

调整完毕得到满意的效果后，单击"确定"按钮退出对话框即可。

2. 使用工具调整照片的黑场与白场

除了使用"输入色阶"与"输出色阶"

（3）调整中间调

拖动"输入色阶"区域中的灰色滑块，可以对照片的中间调进行调整。

向左拖动"输入色阶"的灰色滑块，可以提亮中间调照片。

对照片进行调整外，还可以使用对话框中的3个工具调整照片。选择其中任意一个并将光标移到照片窗口中，光标将变成相应的吸管形状，单击即可完成调整。

黑、白吸管的工作原理是，当摄影师分别使用设置黑场工具 、设置白场工具 在照片中单击时，可以分别将照片最暗与最亮处的像素映射为黑色与白色，并使Photoshop按改变的幅度重新分配照片中的所有像素，从而调整照片。

下面分别讲解各个工具的作用。

- 设置白场工具 ：用该吸管在照片中单击，Photoshop将定义白色吸管所单击处的像素为白点，并重新分布照片的像素值，从而使照片变亮。此操作类似于在输入色阶中向左侧拖动白色滑块，但它更直观、精确。

下图所示为原照片及"色阶"对话框处于打开状态下使用设置白场工具 所在的位置。

下图所示为使用设置白场工具 单击照片后照片整体变亮的效果。

- 设置黑场工具 ：用该吸管在照片中单击，Photoshop将定义单击处的像素为黑点，并重新分布照片的像素值，从而使照片变暗。此操作类似于

在输入色阶中向右侧拖动黑色滑块。

下图所示为原照片及"色阶"对话框处于打开状态下设置黑场工具 所在的位置。

下图所示为使用设置黑场工具 单击照片后照片整体变暗的效果。

3. 调整照片的灰场以调校色彩

在处理照片的过程中，会不可避免地遇到一些偏色的照片，或希望以某处色彩为准，对整体进行调色处理，此时可以使用"色阶"对话框中的设置灰场工具 来轻松地处理。

设置灰场工具 调校色彩的方法很简单，只需要使用吸管单击照片中的某种颜色，即可消除或减弱照片中的此种颜色，从而改变照片整体的色彩。

下图所示为原照片。

下图所示为使用设置灰场工具 ✎ 在照片中单击后的效果，可以看出由于去除了部分冷调色彩，照片整体呈现暖调效果。

注意： 使用设置灰场工具 ✎ 单击的位置不同，得到的效果也不相同，因此需要特别注意。

1.2.5 曲线——全方位精细调整

"曲线"命令是 Photoshop 中最精确的调整照片命令，在调整照片时可以通过在对话框中的调节线上添加控制点并调整其位置，对照片进行精确调整。使用此命令除了可以精确地调整照片亮度与对比度外，还可通过在"通道"下拉列表中选择不同的通道选项来进行色彩调整。

按快捷键 Ctrl+M 或选择"图像-调整-曲线"命令即可调出其对话框。

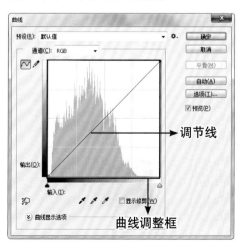

下面来分别讲解"曲线"命令各部分的功能。

1. "曲线"命令的基本用法

"曲线"命令最基本的用法就是通过拖动调节线，改变照片各部分的明暗对比。在调节线上可以添加最多不超过 14 个节点，当鼠标置于节点上并变为 ✛ 状态时，就可以拖动该节点对照片进行调整。

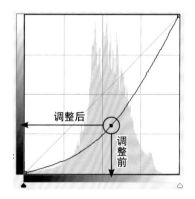

要删除节点，可以选中并将节点拖至对话框外，或在选中节点的情况下，按住 Delete 键即可。

2. 精确调整照片明暗度

下面通过一个简单的实例，讲解使用"曲线"命令精确调整照片明暗度的基本操作方法。

（1）确定最亮与最暗处

打开随书所附光盘中的文件"第 1 章\1.2.5-2- 素材 .JPG"。

通过观察照片可以看出，照片中最亮和最暗的部分大致应为下图中黑色圆圈内部所标示的位置。

（2）添加曲线控制节点

选择"图像－调整－曲线"命令或按快捷键 Ctrl+M 调出"曲线"对话框。

将光标移至"曲线"对话框外，置于照片的高光点处，按住鼠标左键不放，此时在曲线调整框中的调节线上会出现与之对应的标记，然后按住 Ctrl 键单击鼠标左键，此时 Photoshop 会在调节线上自动添加一个控制节点。

按照上述方法在"曲线"对话框中的调节线上创建与暗调点相对应的控制节点。

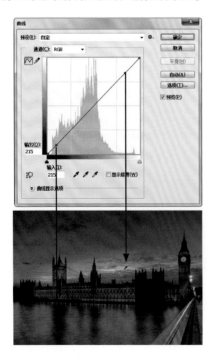

（3）调整曲线

确定了最亮点与最暗点后，分别拖动两

个节点并调整为 S 形，可提高照片的亮度与对比度。

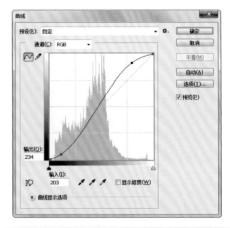

3. 直接拖动调整曲线

选中"曲线"对话框中的"在照片上单击并拖动可修改曲线"按钮后，可以在照片中以拖动的方式快速调整照片的色彩及亮度。

下图所示是单击"在照片上单击并拖动可修改曲线"按钮后在要调整的照片位置摆放光标时的状态。

由于当前摆放光标的位置有点曝光不足，因此将向上拖动光标以提亮照片。

向上拖动后，对应的"曲线"对话框如下图所示。

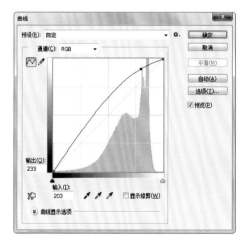

在上面处理的照片基础上，再将光标置于阴影区域要调整的位置。

按照前面所述的方法，此时将向下拖动鼠标以调整阴影区域。

向下拖动后，对应的"曲线"对话框如下图所示。

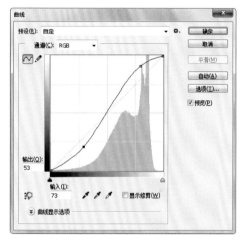

通过上面的示例可以看出，实际上"在照片上单击并拖动可修改曲线"按钮只不过是操作的方法上有所不同，在调整的原理上是没有任何变化的，正如刚刚的示例中，我们是通过 S 形曲线来增加照片的对比度，而这样形态的曲线也完全可以在"曲线"对话框中通过编辑曲线的方式创建得到，所以读者在实际运用过程中，可以根据自己的喜好，选择使用何种方式来调整照片。

1.3　常用调色处理技术

色彩是照片的重要组成部分和表达方式，准确、恰当的色彩可以让照片的意境和主题更加突出，下面就来讲解一些常用的色彩调整命令。

1.3.1　基于色轮的风光照片调色原理

1. 色轮的来源

　　在学习色轮知识前，我们首先来了解一下光线，因为有了光，才有了色。一般来说，光线可以分为可见光与不可见光两种，如下图所示。

　　可见光区域由从紫色到红色之间的无穷光谱组成，人们将其简化为 12 种基本的色相，并以圆环表示，这就形成了最基本的色轮。

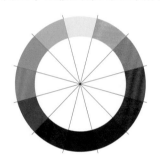

2. 色轮的演变

　　组成色轮的 12 种颜色并非任意指定，而是通过一定的演算得来。首先包含的是三原色（primary colors），即蓝、黄、红。原色混合产生了二次色（secondary colors），二次色混合则产生了三次色（tertiary colors）。下面来具体说明其演变过程。

　　色轮中最基本的是三原色，另外 9 种颜色都是由它演变而来的。

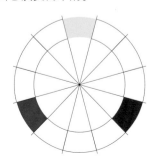

　　二次色位于两种三原色一半的地方。每种二次色都是由离它最近的两种原色等量调合而成的颜色，如下图所示。

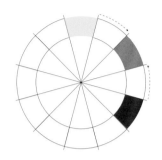

　　下图所示是二次色的色轮。

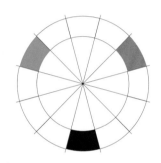

　　学习了二次色之后，就不难理解三次色了，它是由相邻的两种二次色调合而成的。

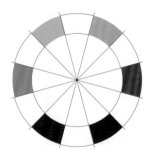

　　上面介绍的是最基本的 12 色色轮，根据不同的使用需求，色轮还可以扩展为更多的色彩，其表现形式也多种多样，如下图所示为以圆形表示的 24 色色轮，该色轮不但展示出了色轮中的 24 种颜色，同时还体现了颜色之间的互补关系。

3. 色轮对后期调色处理的指导意义

前面讲解的色轮与照片后期处理的调色，虽然都属于色彩的范畴，但二者究竟有什么关系呢？如何利用色轮的原理，更好地对照片进行后期调色处理呢？

具体来说，在后期调色的过程中，最常用到互补色的概念。简言之，以前面展示的 24 色色轮为例，每一个对角线上的颜色就是一组互补色，例如红色与青色、蓝色与黄色等。

通过色轮了解到颜色之间的互补关系后，在后期调色时，就可以更容易地增加或减少某一种颜色，从而实现调色目的。以下图所示的夕阳照片为例，其中包含了大量的红色。

通过观察前面展示的 24 色色轮可以看出，红色的补色为青色，下图所示就是大幅增加了青色后的效果，可以看到红色已经全部被青色中和而消失，剩余的是原有的黄色，而且暗部由于增加了过量的青色，因此已经从原来的红色变为了青色。

在实际调色过程中，用户可以使用"色彩平衡"直接增加或减少某种颜色，也可以使用"色阶"及"曲线"等命令，通过对不同的颜色通道进行调整，达到增加或减少某种颜色的目的。

1.3.2 所有的调色都是在通道中完成的

对任意一张数码照片来说，无论是使用数码相机、手机还是他设备拍摄的，默认情况下都是以 RGB 模式保存。而在 RGB 模式下，其颜色信息都是保存在"红""绿"和"蓝"3 个颜色通道中。当摄影师对照片进行了亮度或颜色的调整时，颜色通道就会发生相应的变化。

以下图为例，其中石头上的绿苔基本是以绿色构成的。

按 Ctrl+U 键应用"色相 / 饱和度"命令，

然后选择"绿色"选项并拖动"色相"滑块，将绿色调整为红色。

在改变色相的同时，可以在"通道"面板中看到各个颜色通道的亮度也发生了相应的变化，下图所示是调整前（左图）后（右图）的"通道"面板对比。

可以看出，在原照片中，石头区域的红色较少，绿色较多，因此对应的"红"通道较暗，"绿"通道则较亮；在调整后，绿色被调整为红色，因此"红"通道变亮，"绿"通道变暗。

同样的道理，在使用其他调整命令调整照片的亮度及色彩时，通道也会发生相应的变化。

照片的颜色模式对颜色通道的数量及其调整原理是有影响的，因此在明白了通道与调色之间的基本关系后，下面来了解一下各个颜色模式下的通道及调色原理。

1.3.3　RGB模式与调色

1. RGB模式的工作原理

自然界中的各种颜色都可以在电脑中显示，其实现方法却非常简单。正如大多数人所知道的，颜色是由红色、绿色和蓝色这三种基色构成，电脑也正是通过调和这三种基色来表现其他成千上万种颜色的。

电脑屏幕上的最小单位是像素，每个像素的颜色都由这三种基色来决定。通过改变像素点上每个基色的亮度，可以得到不同的颜色。

这种颜色模式被称为 RGB 模式。RGB 分别是红色、绿色和蓝色等三种颜色英文的首字母缩写。由于 RGB 颜色模式为图像中每个像素的 R、G、B 颜色值分配一个 0 ～ 255 范围内的强度值，因此可以生成超过 1670 万种颜色。当 R、G、B 的颜色值均为 255 时，就显示为白色，因此 RGB 颜色模式也被称为加色模式。下图所示为 RGB 颜色模式的原理图。

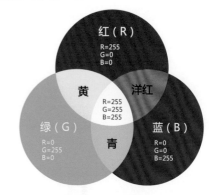

2. RGB模式下的调色原理

在 RGB 模式下，对任意一个颜色通道来说，越亮就代表相应的颜色越多，反之，越暗则代表相应的颜色越少。因此，在 RGB 模式下调色时，要增加某一种颜色，就将相应的通道提亮即可，反之，则将通道降暗。例如要增加照片中的蓝色，就将 B 通道调亮；要减少照片中的红色，就可以将 R 通道调暗。

当然，除了上述简单的调色外，在实际处理照片时，往往涉及到多种颜色的多通道调整，同时还涉及互补色的应用，例如通过调暗"红"通道以减少红色时，若照片中已经不存在红色，则会增加相应的补色——青色。

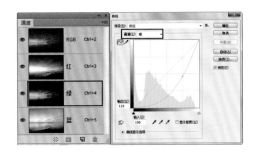

下图所示是调暗"红"通道，减少照片中的红色或增加青色后的效果。

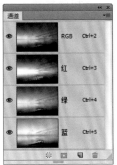

下图所示是调亮"绿"通道，增加照片中的紫色或减少绿色后的效果。

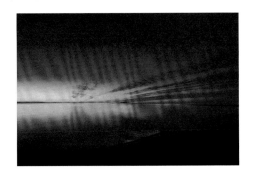

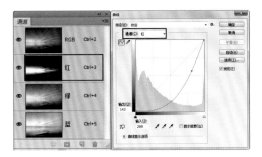

上面演示的是对单个通道的颜色进行调整，那么，如果要对由两个组成的颜色进行调整，应该如何操作呢？例如，通过前面展示的 RGB 模式原理图可以看出，蓝和绿通道组合在一起形成了青色，因此若要调整青色，则可以在"通道"面板中按住 Shift 键分别单击"蓝"和"绿"的名称，以将两个通道选中，然后再进行调色。

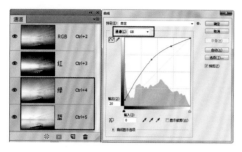

1.3.4　CMYK模式

1. CMYK模式的工作原理

　　CMYK颜色模式以打印在纸张上的油墨的光线吸收特性为理论基础，是一种印刷所使用的颜色模式，由分色印刷时所使用的青色（C）、洋红（M）、黄色（Y）和黑色（K）四种颜色组成。这四种颜色能够通过合成得到可以吸收所有颜色的黑色，因此使用CMYK生成颜色的模式也被称为减色模式，下图所示是其工作原理图。

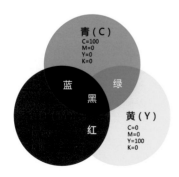

　　虽然在理论上C、M、Y三种颜色等量混合应该产生黑色，但由于所有打印油墨都会包含一些杂质，因此这三种油墨进行混合实际上产生的是一种土灰色，必须与黑色（K）油墨相混合才能产生真正的黑色，四色印刷也正是由此而得名。

2. CMYK模式下的调色原理

　　CMYK模式与RGB模式的工作原理刚好相反，因此在调色时也是相反的，也就是说，要增加某一种颜色时，对相应的通道进行降暗处理即可，反之若将通道提亮，则可以增加相应的补色。以下图所示的原照片为例。

　　下图所示是对"青色"通道进行提亮，从而减少青色、增加其补色后的效果。

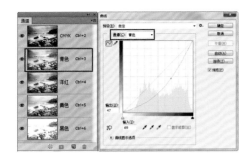

1.3.5　Lab模式

1. Lab模式的工作原理

　　Lab 颜色模式是 Photoshop 在不同颜色模式之间转换时所使用的内部格式。例如，当 Photoshop 从 RGB 颜色模式转换为 CMYK 颜色模式时，它首先把 RGB 颜色模式转换为 Lab 颜色模式，再从 Lab 颜色模式转换为 CMYK 颜色模式。

　　Lab 颜色模式的图像有三个通道，一个是明度通道，还有两个是颜色通道。这两个颜色通道分别被指定为通道"a"（从绿色到洋红）和通道"b"（从蓝色到黄色）。下图所示为 Lab 颜色模式的原理，其中 A 指亮度为 100；B 指绿色到红色；C 指蓝色到黄色；D 指亮度为 0。

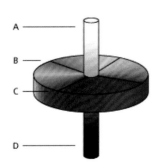

　　如果只需要改变图像的亮度而不影响其他颜色值，可以将图像转换为 Lab 颜色模式，然后在通道"L"中进行操作。

　　Lab 颜色模式最大的优点是其与设备无关，即无论使用什么设备（如显示器、打印机、电脑或者扫描仪等）制作或者输出图像，这种颜色模式产生的颜色都可以保持一致。

2. Lab模式下的调色原理

　　在前面讲解的 RGB 和 CMYK 模式中，每个颜色通道都只代表一种颜色，但 Lab 模式下的 a 和 b 通道都代表了多种颜色，其中 50% 的灰度代表了中性灰，当通道越亮时颜色越暖，通道越暗时颜色就越冷。例如 a 通道包含了绿色到洋红色，当提亮该通道时，就会增加洋红色（暖色）；当降暗该通道时，就会增加绿色（冷色）。同理，当提亮 b 通道时会增加黄色，降暗 b 通道时会增加蓝色。以下图所示的原照片为例。

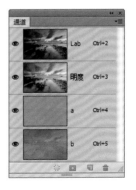

　　下图所示是对 b 通道进行提亮，从而增加黄色后的效果。

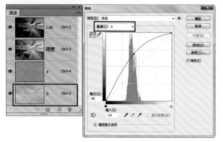

1.3.6 自然饱和度——自然地调整照片饱和度

使用"图像－调整－自然饱和度"命令调整照片时，可以使照片颜色的饱和度不会溢出，即只针对照片中不饱和的色彩进行调整。此命令非常适合调整风光照片，以提高其中蓝色、绿色及黄色的饱和度。需要注意的是，对于人像类照片，或带有人像的风景照片，并不太适合直接使用此命令进行编辑，否则可能会导致人物的皮肤色彩失真。

对话框中各参数的解释如下。

- 自然饱和度：拖动此滑块，可以使Photoshop调整那些与已饱和的颜色相比不饱和的颜色的饱和度，用以获得

更加柔和、自然的照片效果。
- 饱和度：拖动此滑块，可以使Photoshop调整照片中所有颜色的饱和度，让所有颜色获得等量的饱和度调整，因此使用此滑块可能导致照片的局部颜色过饱和。不过与"色相/饱和度"对话框中的"饱和度"参数比，此处的参数仍然对风景照片进行了优化，不会有特别明显的过饱和问题，读者在使用时稍加注意即可。

下图所示为调整前的原照片。

下图所示为提高照片饱和度后的效果。

1.3.7 照片滤镜——快速改变照片的色调

"照片滤镜"命令可用于调整照片的色调，例如将暖色调照片调整为冷色调，也可

以根据实际情况自定义为其他色调。

选择"图像－调整－照片滤镜"命令，则弹出其对话框。

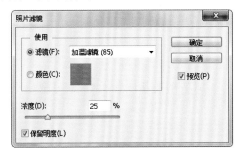

"照片滤镜"对话框中的各参数解释如下。

- **滤镜**：在该下拉列表中有多达20种预设选项，可以根据需要选择合适的选项，对照片进行调节。例如选择"加温滤镜"可以将照片调整为暖色调，选择"冷却滤镜"可以将照片调整为冷色调。
- **颜色**：单击该色块，在弹出的"拾色器"对话框中可以自定义一种颜色，作为照片的色调。
- **浓度**：拖动滑块条以便调整应用于照片的颜色数量。该数值越大，应用的颜色调整越大。
- **保留明度**：在调整颜色的同时保持原照片的亮度。

下图所示为调整前的原照片。

下图所示为将照片调整为冷调后的效果。

1.3.8 色相/饱和度——任意改变颜色属性

"色相／饱和度"命令可以依据不同的颜色分类进行调色处理，常用于改变照片中某一部分图像的颜色（如将绿叶调整为红叶，替换衣服颜色等）及其饱和度、明度等属性。另外，此命令还可以直接为照片进行统一的着色操作，从而制作得到单色照片效果。

按快捷键 Ctrl+U 或选择"图像－调整－色相／饱和度"命令即可调出其对话框。

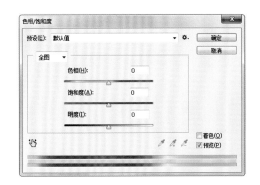

1. 快速调整照片颜色

在默认情况下，用户将选中"全图"选项，以对照片整体进行调色，其中"色相"参数可以改变色彩，"饱和度"参数可以改变色彩的浓度，"明度"参数可以改变色彩的亮度。以下图为例。

下图所示是分别调整"色相"和"饱和度"参数后，使照片色彩更明艳、更准确的效果。

用户还可以在"全图"下拉列表中选择其他要调整的颜色，然后调整各个参数，以改变相应颜色的色彩。下图所示是在选中"黄色"选项后，适当调整参数，从而将树木全部调整为红色后的效果。

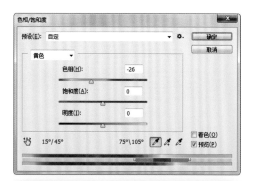

2. 为照片着色

如果要为照片着色，使其变为单色照片，可以选中"着色"选项，并分别拖动各个调整滑块，直至得到满意的效果为止。

3. 使用模糊控件调整照片颜色

当在选择除"全图"选项以外的任意一种颜色时，颜色范围控件就会被激活。

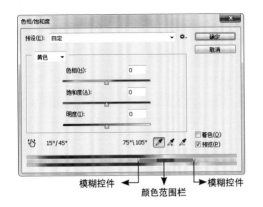

模糊控件 ← 颜色范围栏 → 模糊控件

下面来讲解颜色控件的功能。

- 颜色范围栏：拖动该栏可以控制要调节的主颜色范围。拖动颜色范围栏左右两侧的模糊条可以增大或减小颜色调整的范围。
- 模糊控件：拖动左、右两侧模糊控件中的滑块，可以在不影响主颜色范围的情况下，增加或减少调整的颜色范围。

下面以一个实例来讲解模糊控件的使用方法，其操作步骤如下。

1. 调整绿色

打开随书所附光盘中的文件"第1章\1.3.8-3-素材.JPG"。

本实例将把照片中的绿色树叶转换为橙红色。

按快捷键 Ctrl+U 应用"色相/饱和度"命令，在弹出对话框中的"全图"下拉列表中选择被调整颜色的主色。在此我们要调整的是绿色的树叶，所以选择"绿色"选项。

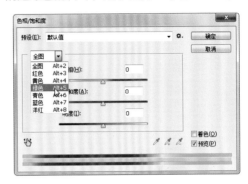

向右拖动"色相"滑块，以改变其颜色。

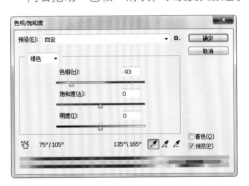

在选中"预览"选项的情况下，可以看到下图所示的效果。

2. 调整其他颜色

观察照片可以看出，已经有一部分绿叶已经变为橙红色，但仍有一部分并没有改变，或只是保持在黄色的状态。下面来解决这个问题。

由于剩余没有改变的颜色主要为橙红色，所以将右侧的模糊控件向黄色方向拖动，以增加此命令调整颜色的范围。

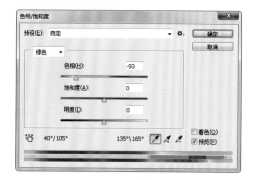

在调整的同时观察照片中树叶的变化，直至所有的树叶都变为橙红色为止。

调整完毕后，单击"确定"按钮退出对话框。

1.3.9 色彩平衡——校正照片偏色的利器

使用"色彩平衡"命令可以增加某一颜色的补色，达到去除某种颜色的目的。例如增加红色时，可以消除照片中的青色，当青色完全消除时，即可为照片叠加更多的红色。此命令常用于校正照片的偏色，或用作照片叠加特殊的色调。

按快捷键 Ctrl+B 或选择"图像－调整－色彩平衡"命令即可调出其对话框。

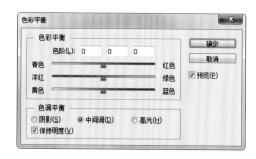

"色彩平衡"对话框中的各参数含义如下。

- 阴影：选择此选项，调整照片阴影部分的颜色。
- 中间调：选择此选项，调整照片中间调的颜色。
- 高光：选择此选项，调整照片高亮部分的颜色。
- 保持明度：选择此选项，可以保持照片原来的亮度。即在操作时仅有颜色值被改变，像素的亮度值不变。

下图所示为调整前的原照片。

下图所示为分别选择"阴影""中间调"和"高光"选项，并增强其中的红色与黄色后的效果。

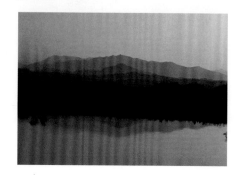

1.3.10 可选颜色——多层次调色功能

相对于其他调整命令,"可选颜色"命令的原理较难理解。具体来说,它是通过为一种选定的颜色,增减青色、洋红、黄色及黑色,从而实现改变该色彩的目的。在掌握了此命令的用法后,可以实现极为丰富的调整,因此常用于制作各种特殊色调的照片效果。

选择"图像 – 调整 – 可选颜色"命令即可调出其对话框。

下面将以下方的 RGB 三原色示意图为例,讲解此命令的工作原理。

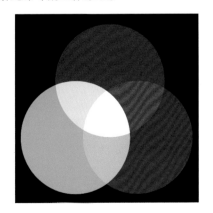

下图所示是在"颜色"下拉列表中选择"红色"选项,表示对该颜色进行调整,并在选中"绝对"选项时,向右侧拖动"青色"

滑块至 100%。

由于红色与青色是互补色,当增加了青色时,红色就相应变少;当增加青色至 100% 时,红色完全消失变为黑色,如下图所示。

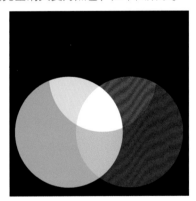

虽然在使用时没有其他调整命令那么直观,但熟练掌握之后,就可以实现非常多样化的调整。下图所示是使用此命令进行色彩调整前后的效果对比。

1.4 常用面板

1.4.1 "图层"面板——后期处理的总控台

图层是照片处理时不可或缺的功能，摄影师应该养成在新图层中执行绘图、复制或调整等操作的习惯，例如在新图层中执行修补或新建调整图层以处理照片的曝光及色彩问题等。这样操作虽然略显麻烦，但操作熟练后不仅不会影响操作速度，还不会破坏原始图像，便于编辑修改。下面就来详细讲解其相关操作。

1. "图层"面板简介

"图层"面板集成了 Photoshop 中绝大部分与图层相关的常用命令及操作。使用此面板，可以快速地对照片进行新建、复制及删除等操作。

按下 F7 键或者执行"窗口－图层"命令即可显示"图层"面板。

"图层"面板中的各参数释义如下。

❶ 类型：在其下拉列表中可以快速查找、选择及编辑不同属性的图层。

❷ 正常：在其下拉列表中可以设置当前图层的图层混合模式。

❸ 不透明度：在此数值框中输入数值，可以控制当前图层的透明属性。数值越小，表示当前图层越透明。

❹ 填充：在此数值框中输入数值，可以控制当前图层中非图层样式部分的不透明度。

❺ 锁定：在此可以分别控制图层的透明区域可编辑性、照片区域可编辑性以及移动图层等。

❻ 👁：单击此图标，可以控制当前图层的显示与隐藏状态。

❼ 图层缩览图：在"图层"面板中用来显示图层的图标。通过观察此图标，能够方便地选择图层。

❽ "链接图层"按钮 ：单击此按钮，可以将选中的图层链接起来，以便统一执行变换、移动等操作。

❾ "添加图层样式"按钮 fx.：单击此按钮，可以在弹出的菜单中选择图层样式，然后为当前图层添加图层样式。

❿ "添加图层蒙版"按钮 ：单击此按钮，可以为当前图层添加图层蒙版。

⓫ "创建新的填充或调整图层"按钮 ：单击此按钮，可以在弹出的菜单中进行选择，为当前图层创建新的填充或者调整图层。

⓬ "创建新组"按钮 ：单击此按钮，可以新建图层组。

⓭ "创建新图层"按钮 ：单击此按钮，可以新建图层。

⓮ "删除图层"按钮 ：单击此按钮，然后在弹出的提示对话框中单击"是"按钮，即可删除当前所选图层。

2. 创建图层

常用的创建新图层的操作方法如下。

■ 单击"图层"面板底部的"创建新图层"按钮 ，可直接创建一个Photoshop 默认值的新图层，这也是创建新图层最常用的方法。

- 按快捷键Ctrl+Shift+N，弹出"新建图层"对话框，设置适当的参数，单击"确定"按钮即可在当前图层上方新建一个图层。
- 按快捷键Ctrl+Alt+Shift+N即可在不弹出"新建图层"对话框的情况下，在当前图层上方新建一个图层。

3. 选择图层

若要选择单个图层，则直接单击其图层名称或缩览图；若要选择多个图层，其方法如下。

- 如果要选择连续的多个图层，在选择一个图层后，按住Shift键的同时在"图层"面板中单击另一图层的图层名称，则两个图层间的所有图层都会被选中。
- 如果要选择不连续的多个图层，在选择一个图层后，按住Ctrl键的同时在"图层"面板中逐一单击其他图层的图层名称即可。

4. 复制图层

常用的复制图层的方法如下。

- 在没有任何选区的情况下，执行"图层－新建－通过拷贝的图层"命令或按快捷键Ctrl+J，即可复制当前选中的图层。若当前存在选区，则仅复制选区中的照片至新的图层中。
- 在"图层"面板中选中需要复制的图层，然后将其拖曳至"图层"面板底部的创建新图层按钮 上，即可复

制图层。

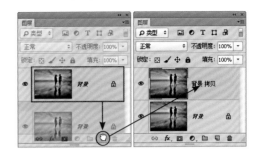

5. 删除图层

删除无用的或者临时的图层有利于降低文件的大小，以便于文件的存储或者网络传输。在"图层"面板中可以根据需要删除任意图层，但在"图层"面板中至少要保留一个图层。要删除图层，可以执行以下操作之一。

- 执行"图层－删除－图层"命令，或者单击"图层"面板底部的删除层按钮 ，并在弹出的提示对话框中单击"是"按钮，即可删除所选图层。
- 在"图层"面板中选择需要删除的图层，并将其拖曳至"图层"面板底部的删除图层按钮 上，即可删除所选图层。
- 对于Photoshop CS2以上版本的软件来说，可以在选择移动工具 且当前照片中不存在选区或者路径的情况下，按Delete键删除当前选中的图层。

1.4.2 "调整"面板——无损调整之根本

1. 无损调整的原理

在调整照片时，若直接应用"图像－调整"子菜单中的命令，所做的调整会直接应用于照片，即有损调整。这种调整只能通过撤销的方式去除，但在关闭文件后就不能撤销了，因此不利于对照片进行反复调整和编

辑。相应的，无损调整就是指在不破坏原始照片的前提下，进行各方面的调整。

以最常见的曝光和色彩调整为例，我们可以利用"调整"面板创建调整图层进行调整，因为调整图层产生的照片调整效果不会直接对某个图层的像素本身进行修改，所有的修改内容都在调整图层内体现，因此我们可以非常方便地进行反复修改，且不会损坏原图像的质量和内容。

以下图所示的效果及其"图层"面板为例，其使用了"渐变映射"和"曲线"两个调整图层，实现改变色彩并调整曝光的处理。

下图所示是通过修改两个调整图层的参数后，改变了颜色后的效果。

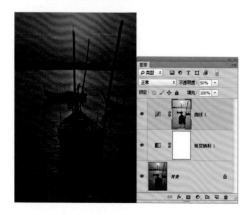

下图所示是删除两个调整图层后，所有的调整效果消失，显示出未调整前的原

始照片。

另外，对于污点修复画笔工具、仿制图章工具等，其工具选项栏上都提供了"对所有图层取样"选项。选中此选项后，新建一个图层再执行修复操作，这样新的图像将生成在新图层中，而不会对原始照片造成破坏。

总之，在处理过程中，应尽可能使用调整图层或在新图层中操作，以避免破坏原始照片，以便于进行反复调整和编辑。

2. 了解"调整"面板

"调整"面板的作用就是在创建调整图层时，不再通过调整对话框设置参数，而是转为在此面板中进行。在没有创建或选择任意一个调整图层的情况下，选择"窗口-调整"命令，将调出"调整"面板。

在选中或创建了调整图层后，将在"属性"面板中显示出其参数。

3. 创建调整图层

在 Photoshop 中，可以采用以下方法创建调整图层。

- 选择"图层－新建调整图层"子菜单中的命令，此时将弹出其对话框，按照需要设置简单的参数后，单击"确定"按钮退出对话框，即可得到一个调整图层。

- 单击"图层"面板底部的"创建新的填充或调整图层"按钮 ，在弹出

的菜单中选择需要的命令，然后在"属性"面板中设置参数即可。

- 在"调整"面板中单击各个图标，即可创建对应的调整图层。

4. 重新设置调整参数

要重新设置调整图层中所包含的命令参数，可以先选择要修改的调整图层，再双击调整图层的图层缩览图，即可在"属性"面板中调整其参数。如果摄影师当前已经显示了"属性"面板，则只需要选择要编辑参数的调整图层，即可在面板中进行修改了。

本章所用到的素材及效果文件位于随书所附光盘"\第1章"文件夹内，其文件名与节号对应。

第2章 旅行风光照片的构图处理

2.1 二次构图并加暗角让照片的主体更突出

扫描二维码观看本例视频教程

🎬 案例概述

在拍摄照片时，往往由于匆忙拍摄、考虑得不够充分或受拍摄环境、器材等限制，例如想拍摄远处的景物，但由于无法靠近，镜头焦距又不够长，导致照片纳入大量多余的元素，主体不够突出。好在目前的数码相机普遍提供了一千万甚至二千万的像素，因此可以通过后期的二次构图处理来将多余内容裁剪掉，从而突出照片主体。

💭 调整思路

在本例中，虽然拍摄的是风光照片，但加入了人物，使画面更有灵性，人物自然成为了画面的焦点，但构图上却稍显不自然，因此需要进行适当的裁剪处理。在裁剪过程中，首先要根据最终保留的内容，确定照片的画幅方向，即横画幅或竖画幅；其次，需要确认画面的比例，通常来说应采用与原照片相近的比例。另外，在裁剪过程中，除了将多余元素裁剪掉以突出主体外，还要注意画面是否水平等问题。对于局部无法通过裁剪去除掉的元素，可在裁剪后再进行修复处理。

PS 技术分析

本例是在 Adobe Camera Raw 软件中进行裁剪的，其基本工作方法和原理与 Photoshop 中的裁剪工具 🔲 基本相同，读者可以在掌握本例的方法后，在 Photoshop 中对照片进行裁剪。在操作过程中，可以显示网格以辅助进行裁剪处理。另外，本例还在裁剪后，对周围添加了暗角，使画面的主体更加突出。

调修步骤

01　设定裁剪工具

打开随书所附光盘中的素材"第 2 章 \2.1- 素材 .CR2"，以启动 Adobe Camera Raw 软件。

在对照片进行裁剪前，首先要对其参数进行一定的设置。在本例中，主要是采用三分法对照片进行构图的重新处理，因此显示三分网格有利于进行更精确的裁剪。

在裁剪工具 🔲 上长按，在弹出的菜单中选中"显示叠加"选项，以显示三分网格。

在有需要的情况下，用户也可以在上图所示的菜单中选择要裁剪的比例，以便于精确控制照片的构图。

02 裁剪照片

在设置好必要的裁剪参数后，下面来对照片的构图进行一下裁剪。

选择裁剪工具 ⌖ ，在图像中拖动，以确认裁剪的范围。

确认得到满意的裁剪结果后，可以按 Enter 键确认，或选择其他任意一个工具，即可应用裁剪操作。下图所示为确认裁剪后的效果。

03 调整曝光与色彩

在确认照片的构图后，照片整体的曝光和色彩还有所欠缺，下面来对其进行适当的润饰处理。

在"基本"选项卡中，分别调整"清晰度""自然饱和度"和"饱和度"滑块，使画面的立体感更好，色彩更鲜艳。

在中间的曝光参数区中调整参数，以优化照片整体的曝光与对比。

04 为照片添加暗角

在 Adobe Camera Raw 软件中，用户可以在"镜头校正"选项卡的"手动"子选项卡中设置"镜头晕影"参数，以调整照片的暗角。但此参数无法为裁剪后的结果添加暗角，需要借助"效果"选项卡中的参数进行处理才可以，下面来讲解其具体操作方法。

选择"效果"选项卡，在其中设置"裁剪后晕影"区域中的参数，直至得到满意的暗角效果为止。

2.2 让倾斜的教堂恢复笔直耸立

扫描二维码观看本例视频教程

📺 案例概述

在拍摄照片时，尤其是带有水平线或垂直线的照片，肉眼观察往往无法让水平线绝对水平，或者让建筑物看上去垂直耸立于地面，甚至在开启了相机的辅助构图网格时，也可能由于拍摄匆忙，导致画面倾斜的问题，这样会极大地影响画面的平衡性及美观程度。

🧠 调整思路

要让倾斜的照片重获水平，首先要在照片中找到可用作参照的对象，如地平线、海平面、建筑上的垂直线条等。要注意的是，校正倾斜后，往往会不同程度地缩小原照片的拍摄范围，此时应注意避免出现主体照片被裁掉的问题。

PS 技术分析

裁剪工具 🔲 的工具选项栏中提供了拉直按钮 🔲，使用它在倾斜的照片中，拖动一条与参照物相平等的线条，即可自动对照片进行倾斜校正处理。在处理过程中，还可以显示裁剪网格，以帮助摄影师确认校正结果的准确性。

调修步骤

01 显示裁剪网格

打开随书所附光盘中的素材"第2章\2.2-素材.JPG"。

可以利用裁剪工具 ![裁剪] 的网格，观察当前照片的倾斜情况。一些轻微的倾斜问题肉眼很难分辨，但通过辅助网格就能够更容易地发现问题所在。

选择裁剪工具 ![裁剪]，并在其工具选项栏中设置裁剪"网格"叠加方式。

选择裁剪工具 ![裁剪] 并在照片中单击，以显示带有网格的裁剪框。

02 绘制校正线条

当前照片中的参照物是右下方的地平面，由于它只占画面的一小部分，因此在绘制时要尽可能让校正线条与之平行。

在工具选项栏中选择拉直按钮 ![拉直]，并将光标置于右侧的地平面上。

按住鼠标左键向左下方拖动，并保持与地平线平行。

确认校正线条与地平面平行后，释放鼠标左键，即可自动校正照片的角度。

确认得到满意的结果后，按Enter确认裁剪即可。

由于当前照片较暗，需要进行一定的曝光处理，下图所示是进行HDR合成后的照片效果，其方法可以参考本书第4.8节的讲解。

2.3 校正镜头变形失真，让古寺更显巍峨庄严

扫描二维码观看本例视频教程

📖 案例概述

在使用广角镜头拍摄照片时，画面很容易出现透视变形，尤其对于建筑、树木等对象来说，由于其本身线条感较强，因此该问题会更明显。

🧠 调整思路

调整照片透视与校正倾斜照片的思路较为相近，二者都是要先确定一个参照物，并创建与之平行的线条。区别在于，校正透视时可以为裁剪框的四边分别创建与参照物平行的线条。

PS 技术分析

在校正过程中，可以使用"镜头校正"选项卡的"手动"子选项卡中的参数进行校正处理。通常情况下，由于校正处理会让照片产生很大的透视变化，因此可能会在边缘产生透明区域，此时要注意通过调整进行校正。另外，Adobe Camera Raw 提供了非常细密的网格，可以作为校正过程中与调整对象之间的参照。

调修步骤

01 校正透视问题

打开随书所附光盘中的素材"第 2 章\2.3- 素材 .DNG"，以启动 Adobe Camera Raw 软件。

切换至"镜头校正"选项卡，并选中底部的"显示网格"选项，以便于准确校正建筑的线条。

单击选项卡上方的纵向按钮，依据当前建筑线条的倾斜角度进行校正。此时可以观察网络，以确定调整的结果是否满意。

02 修除空白区域

通过前面对照片透视进行校正处理，照片已经基本处理为正常的透视效果，但同时左下角和右下角也因此出现了空白，因此需要将其裁剪掉。

提高"缩放"数值，以放大图像，将校正后的空白区域填满。

对于上述调整"缩放"参数的处理，用户也可以直接使用 Adobe Camera Raw 中的裁剪工具 对照片进行构图处理。

03 校正倾斜问题

通过网格可以看出，照片在水平方向上有一些倾斜，下面就来解决这个问题。

适当降低"旋转"数值，使其逆时针旋转一定角度，直至变为完全水平为止。

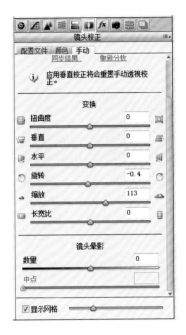

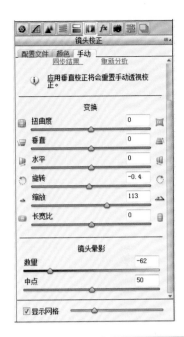

对于上述调整"旋转"参数的处理，用户也可以直接使用 Adobe Camera Raw 中的拉直工具🖾对照片进行校正处理。

04　为照片添加暗角

下面来为照片增加暗角效果。

调整"镜头晕影"区域中的滑块，以增加暗角并调整其中点位置。

若是在 Photoshop 中对照片进行校正，可以使用透视裁剪工具🖾。在校正过程中，用户可以拖动出一个大致的裁剪框，然后分别拖动四角的锚点，直至网格与照片中的水平和垂直线条平等，即可很容易地校正照片透视问题。

2.4 合成多张照片获得宽画幅星野照片

扫描二维码观看本例视频教程

案例概述

在拍摄照片时，为了突出景物的全貌，常常会使用宽画幅进行表现。通常来说，较为简单的方法是摄影师可以拍摄全景并将其裁剪为宽画幅，但这样会损失大量的像素，因此，对于高质量、高像素的全景图来说，较常见的方法是通过在水平方向上连续拍摄多张照片，然后将其拼合在一起的方式实现的。本例是在水平和垂直方向上共拍摄了 16 张 RAW 格式照片并进行处理和拼合后得到的全景图。

调整思路

拼合全景图的方法较为简单，Photoshop 提供了专门进行拼合处理的功能，摄影师只需要进行简单的参数设置，即可合成得到宽幅全景图效果。重点在于在合成之后，图像边缘往往会产生一定的空白，摄影师根据需要进行裁剪和修复处理即可。本例的特别之处在于，所有的照片都是以 RAW 格式拍摄的，而且原始照片存在较大的曝光和色彩的调整空间，因此本例需要先在 Adobe Camera Raw 中进行初步处理，然后转换为 JPG 格式，再转至 Photoshop 中进行拼合及最终的润饰处理。

PS 技术分析

在本例中，首先在 Adobe Camera Raw 中结合"基本""相机校准"及"效果"选项卡中的参数，初步调整好照片的色彩与曝光，然后使用 Photoshop 中的 Photomerge 命令将多张照片拼合为一张宽幅全景图，然后结合裁剪工具 及"填充"命令对其边缘的空白进行裁剪和修复处理。在完成全景图的基本拼合后，还结合多个调整图层及图层蒙版等功能，对照片整体的曝光及色彩进行了全面的处理。

调修步骤

01 在Adobe Camera Raw中 初步调整照片

打开随书所附光盘中的素材"第2章\2.4-素材"文件夹中的所有 RAW 格式照片，以启动 Adobe Camera Raw 软件。

本例的照片在拍摄时是以汽车的高光为主进行曝光的，因此画面其他区域存在较严重的曝光不足问题，导致银河没有很好地展现出来，因此下面将借助 RAW 格式照片的宽容度，对照片进行初步处理。

要注意在左侧的列表中单击一下，按快捷键 Ctrl+A 选中所有的照片，从而对它们进行统一的处理。

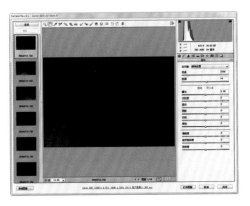

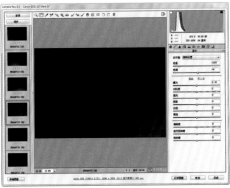

此时先以调整天空中的星星为主，因此可以选择一张具有代表性的照片，例如这里选择

的是 BR4A0715.CR2。单击此照片后，需要再次按快捷键 Ctrl+A 以选中所有的照片。

首先，在"基本"选项卡中调整"阴影""白色"及"黑色"参数，以初步调整照片的曝光，显示出更多的星星。

下面来调整照片的色彩。此时要注意增强画面蓝色的同时，保留高光区域一定的紫色调。

在"基本"选项卡中分别调整"色温""清晰度"及"自然饱和度"参数，从而美化照片的色彩。

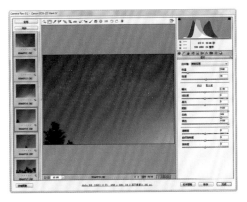

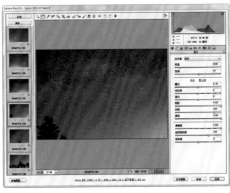

在"相机校准"选项卡中选择"Camera Neutral"预设，以优化照片的色彩。

当前的画面还不够通透，下面来对其进行深入调整。

在"效果"选项卡中，适当提高 Dehaze 的"数量"数值，使画面细节显示得更多，整体更加通透。

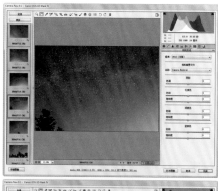

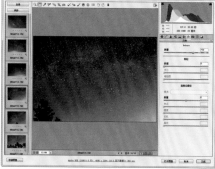

02 优化照片的高光

至此，我们已经调整好了画面的基本曝光和色彩，但这是以天空及星星为准进行调整的，在选择汽车附近的照片后可以看出，该区域存在较严重的曝光过度问题，下面来对其进行校正。

首先，单击照片 BR4A0726.CR2，然后按住 Shift 键再单击 BR4A0718.CR2，以选中包含了高光的照片，然后在"基本"选项卡中，适当降低"白色"参数，以恢复其中的高光细节。

03 将照片转换为JPG格式

至此，照片的初步处理已经完成，下面来将其导出成为 JPG 格式，从而在 Photoshop 中进行合成及润饰处理。

选中左侧所有的照片，单击 Camera Raw 软件左下角的"存储图像"按钮，在弹出的对话框中设置适当的输出参数。

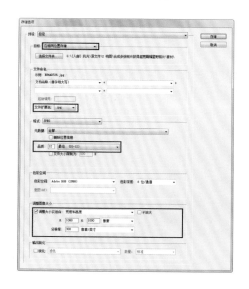

设置完成后，单击"存储"按钮即可在当前 RAW 照片相同的文件夹下生成一个同名的 JPG 格式照片。

为了便于下面在 Photoshop 中处理照片，可以在导出时，将 JPG 格式放在一个单独的文件夹中。

04 初步拼合全景照片

选择"文件 - 自动 - Photomerge"命令，在弹出的对话框中单击"浏览"按钮，在弹出的对话框中打开所有上一步导出的 JPG 格式照片。单击"打开"按钮将要拼合的照片载入到对话框中，并适当设置其拼合参数。

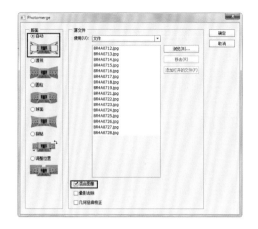

单击"确定"按钮即可开始自动拼合全景照片，在本例中，照片拼合后的效果如下图所示。

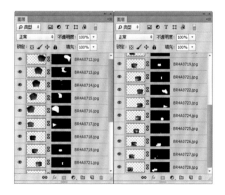

05　裁剪空白边缘

在完成全景图的拼合后，其边缘会产生一定的空白，下面来将其裁剪掉。为了尽可能保留更多的照片内容，在裁剪时，将大面积的空白裁剪掉即可，剩余的少量空白可通过修复处理填补起来。

选择裁剪工具 🔲，沿着照片边缘绘制裁剪框，并适当调整其大小。

按 Enter 键确认裁剪操作。

06　填补少量的边缘空白

对于裁剪后剩余的少量空白，我们可以通过修复功能进行填补。此处剩余的空白，可根据照片的复杂程度进行适当保留。例如本图中的边缘较为规整，没有特别复杂的照片，修复起来较为容易，留白可适当多一些。

使用套索工具 🔲，在各个存在空白的位置绘制选区，以将其选中。

按快捷键 Ctrl+Shift+E 将当前所有的图层合并，然后选择"编辑－填充"命令，在弹出的对话框中设置适当的参数，单击"确定"按钮退出对话框，并按快捷键 Ctrl+D 取消选区，从而将空白处填补起来。

　　至此，照片已经基本完成了初步的拼合处理，此后，还可以对智能填充后的细节、曝光及色彩进行处理，由于不是本例要讲解的重点，故不再详细讲解。

本章所用到的素材及效果文件位于随书所附光盘"\第2章"文件夹内，其文件名与节号对应。

第**3**章 | 旅行风光照片的锐化与降噪处理

3.1 用 USM 锐化使密林的枝叶更清晰

扫描二维码观看本例视频教程

案例概述

锐化可以获得更多的照片细节，对包括风光在内的绝大部分照片来说，或多或少都存在一定的锐度提升的空间，所以锐化是不可或缺的一项后期处理技术。本例就来讲解对照片进行快速锐化的方法。

调整思路

本例主要是先对照片整体进行无差别的锐化调整，并以照片中最需要突出表现的细节为准，如对照片中的细小树枝及树叶等进行锐化处理，此时周围其他区域，如树干或部分叶子的边缘等，可能会出现锐化过度的问题，就需要对其进行适当的恢复处理。

PS 技术分析

在本例中，主要是使用"USM锐化"命令进行快速锐化处理，用户可根据需要在其中设置参数，以调整锐化的强度，然后结合图层蒙版及绘图功能，对锐化过度的区域进行恢复即可。

调修步骤

01 复制并转换为智能对象

打开随书所附光盘中的素材"第3章\3.1-素材 .JPG"。

在实际操作过程中，锐化参数可能需要反复的调整，以得到最佳结果。为了便于反复调整，我们先来复制"背景"图层并将其转换为智能对象，然后在应用"高反差保留"命令时，即可将其保存为智能滤镜，需要时直接双击该智能滤镜，即可重新调出其对话框并编辑参数。

按快捷键 Ctrl+J 复制"背景"图层得到"图层 1"，在该图层的名称上单击右键，在弹出的菜单中选择"转换为智能对象"命令。

02 锐化照片细节

下面来使用"USM 锐化"命令，对照片中的细节进行锐化处理。

为了便于观察，可以将显示比例放大至100%，并将视图移至要锐化的主体，如本例中的树叶及细小的树枝等。

选择"滤镜－锐化－USM 锐化"命令。在弹出的对话框中设置参数，然后单击"确定"按钮退出对话框即可。此时"图层 1"下方将生成相应的智能滤镜。

下图所示为锐化前后的局部效果对比。

"USM 锐化"对话框中的数值应根据当前照片的大小、细节的多少等进行调整。

观察调整后的效果，可以看出其细节的锐度还有一定可以提升的空间，下面来继续进行调整。

03 恢复锐化过度的区域

通常来说，在锐化时都是以最模糊的位置

为准进行锐化，因此其他更清晰的区域会存在不同程度的锐化过度问题，下面将利用图层蒙版对锐化过度的区域进行恢复性处理。

单击添加图层蒙版按钮 为"图层 1"添加图层蒙版，设置前景色为黑色，选择画笔工具 并设置适当的画笔大小及不透明度。

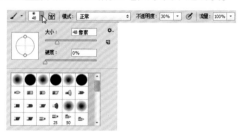

使用画笔工具 在锐化过度的区域涂抹以将其隐藏。下图所示是涂抹前后的效果对比。

按住 Alt 键单击"图层 1"的图层蒙版可以查看其中的状态。

3.2 通过高反差处理增加景物锐度与立体感

扫描二维码观看本例视频教程

案例概述

锐度不足几乎是所有数码照片的"通病"，无论摄影水平的高低、摄影器材的优劣，拍出的照片都会有一定的提高锐度的空间。恰当的锐化可以让照片的细节更为突出，从而提高画面的立体感和表现力。

调整思路

本例采用的是高反差锐化法进行处理，其基本思路就是复制两个原始照片，然后分别对其进行较大和较小的高反差保留处理，前者用于提高照片的立体感，而后者则可以提高照片细节的锐度。

技术分析

本例主要是结合"高反差保留"命令、图层混合模式及不透明度进行处理。其中"高反差保留"命令是本例的核心，它可以将照片边缘反差较大的区域保留下来，而反差较小的区域则被处理为灰色，这样就可以根据要锐化的强度，选择"强光""叠加"或"柔光"混合模式，将灰色过滤掉，而只保留边缘的细节，从而实现提高锐度及立体感的处理。

调修步骤

01 复制并转换为智能对象

打开随书所附光盘中的素材"第3章\3.2-素材 .JPG"。

在实际操作过程中，"高反差保留"命令的数值可能需要反复的调整，以得到最佳结果，为了便于反复调整，我们先来复制"背景"图层并将其转换为智能对象，然后在应用"高反差保留"命令时，即可将其保存为智能滤镜，需要时直接双击该智能滤镜，即可重新调出其对话框并编辑参数。

按快捷键 Ctrl+J 复制"背景"图层得到"图层 1"，在该图层的名称上单击右键，在弹出的菜单中选择"转换为智能对象"命令。

02 锐化照片细节

下面来使用"高反差保留"命令，对照片中的细节进行锐化处理。

选择"滤镜－其它－高反差保留"命令。在弹出的对话框中设置"半径"数值为 0.9，然后单击"确定"按钮退出对话框即可。

"高反差保留"对话框中的数值，可根据当前照片的大小、细节的多少等进行调整。

在"图层"面板中设置"图层 1"的混合模式为"强光"，以混合照片。

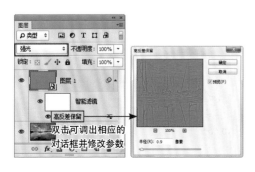
双击可调出相应的对话框并修改参数

经过上面的处理，画面细节得到了较大幅度的提升，但仍然还有一定改进的空间，因此下面来继续进行处理。

按快捷键 Ctrl+J 复制的"图层 1"得到"图层 1 拷贝"，并修改其混合模式为"叠加"。

这里将混合模式从"强光"修改为"叠加"，主要是降低一些锐化的强度，此外，读者也可以保持"强光"混合模式不变，然后适当降低一些"不透明度"数值，以达到相同的目的。

03 提高照片立体感

选择"图层"面板顶部的图层，按快捷键 Ctrl + Alt + Shift + E 执行"盖印"操作，将当前所有的可见图像合并至新图层中，得到"图层 2"，并按照第 1 步中的方法，将其转换为智能对象图层。

选择"滤镜－其它－高反差保留"命令，在弹出的对话框中设置"半径"数值为 6。

"高反差保留"对话框中的参数决定了

增强立体感的程度，数值越高则立体感越强。不过也要根据画面的需要进行设置，否则当数值超出一定范围后，立体感反而会被减弱。

　　设置"图层 1"的混合模式为"柔光"，不透明度为 60%，以增强照片的立体感。

3.3 Lab 颜色模式下的专业锐化处理

扫描二维码观看本例视频教程

🎞 案例概述

在对照片进行锐化时，往往是选择 RGB 复合通道进行锐化处理，此时难免会因锐化而产生更多异色，以致照片质量下降。越是严谨的锐化处理，对这方面的要求也就越严格，本例就来讲解一种在锐化的同时，不会产生异色的方法。

🧠 调整思路

要让锐化时不产生异色，最佳的方法就是对照片的亮度范围进行锐化。要获得照片的亮度范围，可以借助 Lab 颜色模式，此时的 L 通道记录了照片全部的亮度信息（a 和 b 通道用于记录照片的颜色信息），对此通道进行锐化处理，就可以避免产生异色。

PS 技术分析

在明白了使用 Lab 颜色模式进行专业锐化的原理后，操作就比较简单了。首先将照片转换为 Lab 颜色模式，并选中其中的"明度"通道，然后使用常规的锐化功能进行处理即可。在本例中，将使用"USM 锐化"命令。

调修步骤 ●━━━━━

01　转换Lab颜色模式

　　打开随书所附光盘中的素材"第3章\3.3-素材 .JPG"。

　　选择"图像 - 模式 - Lab 颜色"命令，将照片转换为 Lab 颜色模式，此时可以在"通道"面板中分别单击各个通道，以查看其中的内容，其中"明度"通道记录了当前照片全部的亮度信息。

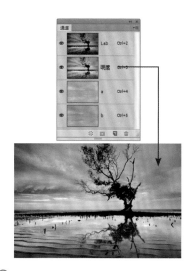

02　锐化照片

按快捷键 Ctrl+J 复制"背景"图层得到"图层 1"。

在"通道"面板中选择"明度"通道，再选择"滤镜 - 锐化 - USM 锐化"命令，在弹出的对话框中设置适当的参数，然后单击"确定"按钮退出对话框即可。

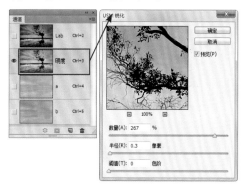

在"通道"面板中单击"Lab"通道，以返回照片编辑状态，查看锐化后的效果。

此时锐化前后的局部效果对比如下图所示。

03　恢复锐化过度的细节

由于前面的锐化是针对细节不太清晰的树叶进行锐化，因此其他区域可能会略有一些锐化过度，下面就来解决这个问题。

选择"图层 1"并单击添加图层蒙版按钮 回 为其添加图层蒙版，设置前景色为黑色，选择画笔工具 ✔ 并在工具选项栏上设置适当的参数。

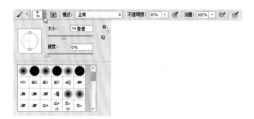

使用画笔工具 ✔ 在树枝等细节上锐化过度的区域进行涂抹，直至消除锐化过度的问题。下图所示是处理前后的局部对比。

按住 Alt 键单击"图层 1"的图层蒙版，可以查看其中的状态。

04 转换回RGB颜色模式

在完成锐化处理后，需要将照片转换回 RGB 颜色模式，否则将无法另存为 JPG 等常用照片格式。

选择"图像－模式－RGB 颜色"命令即可。

由于当前文件中含有图层，此时会弹出提示框，询问是否合并图层，通常单击"不拼合"按钮即可。

3.4 利用表面模糊分区降噪获得纯净山水剪影效果

扫描二维码观看本例视频教程

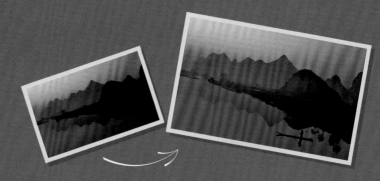

案例概述

日出日落时是拍摄剪影的最佳时间，但此时往往光线不够充足，画面容易出现较多的噪点。但此时的画面有相对较为简洁的特点，因此在进行降噪时，可以使用简单、快速的方法进行处理。

调整思路

本例讲解的是一种较为简单、快速的处理方法，因此会损失一定的细节。为尽可能避免降噪处理对细节产生影响，可以将大面积单色或渐变的区域与细节较多的区域进行分区处理；另外，也可以根据照片亮部噪点较少、暗部噪点较多的特点，将较亮与较暗区域进行分区处理。对本例的照片来说，刚好可以将两种方法融合在一起使用。

技术分析

在本例中，主要是使用"表面模糊"命令对照片进行降噪处理，并结合图层蒙版功能，分别对照片的亮部与暗部进行降噪，以实现分区降噪，尽可能保留更多细节的目的。

调修步骤

01 显示暗部细节

打开随书所附光盘中的素材"第3章\3.4-素材 .JPG"。

对当前照片来说，其暗部细节较少，因此在对整体进行降噪处理前，先来优化暗部内容。

选择"图像－调整－阴影/高光"命令在弹出的对话框中设置参数，以适当显示出阴影区域中的细节。

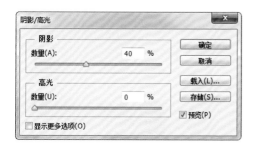

由于当前照片本身就包含较多的噪点，在对阴影区域进行提亮后，噪点问题会变得更严重，因此要注意在显示出更多细节与避免产生更多噪点之间做好平衡和选择。

02 按照分区选中图像

根据例前分析的思路，我们要将照片分为亮部与暗部两部分，并分别进行降噪处理，因此首先需要将其选中。

使用魔棒工具 🪄 并在工具选项栏上设置

适当的参数。

使用魔棒工具 🪄 按住 Shift 键在天空及水面倒影中的天空处单击，以将其选中。

03 对暗部进行降噪处理

在本例中，我们优先对暗部进行降噪处理，因为这里的细节和噪点都比较多，且是照片的视觉主体，需要重点处理。

按快捷键 Ctrl+Shift+I 执行"反向"操作，以选中照片中的暗部。

复制"背景"图层得到"背景 拷贝"，并在此图层上单击右键，在弹出的菜单中选择"转换为智能对象"命令，从而将其转换为智能对象图层，以便于下面对该图层中的照片应用及编辑滤镜。

选择"滤镜－模糊－表面模糊"命令，在弹出的对话框中设置参数，并预览修复的结果。

确认得到满意的效果后，单击"确定"
按钮退出对话框即可。

下图所示是应用"表面模糊"滤镜前后
的局部效果对比。

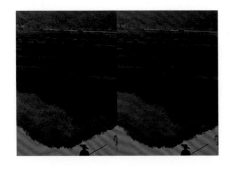

04 对亮部进行降噪处理

经过前面的操作已经处理好暗部的噪
点，下面来继续对亮部进行降噪处理。由
于该区域细节较少，因此在处理时，可将
参数设置得大一些，以尽可能消除更多的
噪点。

为了便于操作、提高工作效率，下面将
直接利用前面已经完成的"背景 拷贝"图层
对亮部进行处理。

按快捷键 Ctrl+J 复制"背景 拷贝"得
到"背景 拷贝 2"，选中该图层的图层蒙版
并按快捷键 Ctrl+I 执行"反相"操作，让图
层蒙版选中照片的高光区域。

双击"背景 拷贝 2"下方的"表面模糊"
智能滤镜，在弹出的对话框中重新设置参数，
直至得到满意的效果为止。

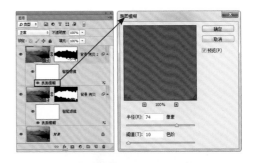

下图所示是应用"表面模糊"滤镜前后
的局部效果对比。

3.5 用 Camera Raw 去除大光比照片阴影处的噪点

扫描二维码观看本例视频教程

案例概述

RAW 格式照片拥有非常高的宽容度，对曝光不足的照片来说，可以实现大幅提升亮度的处理，但与此同时，也会带来大量噪点。本例就来讲解在 Adobe Camera Raw 中对提亮后照片出现的噪点进行降噪处理的方法。

调整思路

在对曝光不足的照片进行校正时，就应该考虑到可能会产生的噪点，且提亮的幅度越大，生成的噪点也就越多，因此要注意在二者之平衡。在调整好曝光后，分别针对画面中的杂点和异色进行校正即可。

PS 技术分析

在本例中，首先利用裁剪工具对照片构图进行了二次处理，然后使用"基本"选项卡中的功能，对照片进行曝光及色彩的校正处理。此时照片出现较多的噪点，因此在"细节"选项卡中对其中的杂点与异色进行校正处理。

调修步骤

01 裁剪照片

打开随书所附光盘中的素材"第 3 章 \3.5- 素材 .NEF"，以启动 Adobe Camera Raw 软件。

在本例中，画面的构图不太协调，因此在进行其他处理前，首先来裁剪一下照片。

在本例中，主要是采用三分法对照片进行构图的重新处理，因此显示三分网格有利于进行更精确的裁剪。

在裁剪工具上长按，在弹出的菜单中选中"显示叠加"选项，以显示三分网格。

在有需要的情况下，用户也可以在上图所示的菜单中选择要裁剪的比例，以便于精确控制照片的构图。

使用裁剪工具在照片中拖动并调整裁剪框。

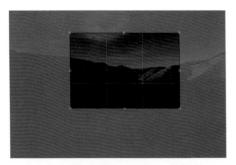

按 Enter 键或选择任意一个其他工具，以完成裁剪操作。

02 调整曝光

当前照片存在严重的曝光不足问题，因此裁剪完照片后，要对其进行曝光方面的调整。

选择"基本"选项卡，在右侧中间区域调整照片整体的曝光与对比。

继续在底部的区域调整参数，以强化照片整体的色彩。

03 消除噪点

由于原照片存在严重的曝光不足，因此

在进行大幅的提亮处理后，画面显露出大量的噪点，下面就来对其进行处理。为了便于观察，可以将显示比例设置为 100% 或更高。

　　选择"细节"选项卡，拖动"减少杂色"区域中的"明亮度"滑块，以减少噪点。

下图所示是消除噪点前后的局部效果对比。

下图所示是继续优化调整前后的局部效果对比。

继续调整其他参数，以优化噪点与异色。

3.6 用 Noiseware 去除高 ISO 感光度拍摄的弱光照片噪点

扫描二维码观看本例视频教程

案例概述

在光线不够充足时，为了保证拍摄照片时的快门速度，往往需要提高 ISO 感光度数值，此时虽然能够以需要的快门速度进行拍摄。但随之产生的问题就是画面会产生噪点，ISO 感光度数值越高，产生的噪点也就越多。

调整思路

降噪处理的思路非常简单，就是要去除照片中的噪点。但要注意的是，任何功能或软件都无法完美区分照片中的噪点与细节，因此在降噪处理过程中，要在去除噪点与保留细节之间做好平衡，即在尽可能保留更多细节的情况下进行降噪。

技术分析

Noiseware 是一款极负盛名的专业照片降噪滤镜，通常情况下，摄影师只需要根据照片的类型、噪点的多少选择一个对应的预设，就可以得到很好的处理结果。在有需要的情况下，摄影师也可以自定义参数并保存为预设，以便日后使用。

调修步骤

01 设置预览方式

打开随书所附光盘中的素材 "第3章\3.6-素材 .JPG"。

由于 Noiseware 滤镜支持 Photoshop 中的智能对象，因此下面将复制图层并将其转换为智能对象，这样在应用此滤镜后可以生成对应的智能滤镜，以便于以后的编辑和修改。

按快捷键 Ctrl+J 复制 "背景" 图层得到 "图层 1"，并在该图层的名称上单击右键，在弹出的菜单中选择 "转换为智能对象" 命令。

选择 "滤镜 – Imagenomic – Noiseware" 命令，以调出其对话框。

单击对话框顶部的水平分割预览窗口按钮，以使用对比视图进行降噪处理，并调整照片显示的位置。其中上方的视图是原图，下方的视图是处理后的结果。

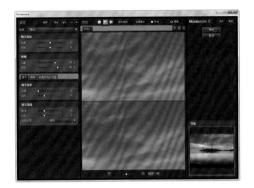

选择左下角的照片作为预览内容，主要是因为这里的噪点和杂色都很明显，而且细节也比较多，便于我们在处理过程中观察处理结果。

在默认的预览视图下，摄影师按住鼠标左键即可查看原图，这样就查看出处理前后的效果对比。此处是为了便于演示，因此选择了水平分割视图。

02 选择处理预设

在选择"默认"预设的情况下，画面中的噪点已经大幅减少，但仔细观察仍然能看到一定的噪点，因此下面来尝试使用其他的预设进行处理。

在"预设"下拉列表中，存在"风景"和"夜景"两个预设，都与当前的照片相关，但当前照片更倾向于夜景，因此在"预设"下拉列表中选择"夜景"选项。

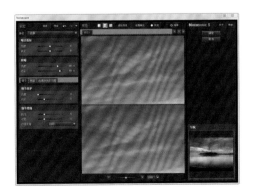

与"默认"预设相比，噪点没有减少，反而有增多的迹象，这是该预设自动进行了更多的锐化处理，有利于显示出更多的细节，但在噪点处理方面仍然不够让人满意。

下面可以按照前文所述方法，再尝试其他降噪更为强烈的预设。经过多次尝试后这里选择了"较强噪点"预设，此时可以消除绝大部分噪点，且细节也有较好的保留。

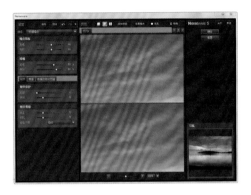

在得到满意的降噪结果后，单击"确定"按钮退出对话框即可，此时将在"图层 1"下方生成一个相应的智能滤镜图层。

03 修复锐化过度的白点

由于素材照片是经过锐化处理的，且锐化有些过度（这也是照片噪点较多的原因之一），产生了一些白点，非常影响画面的美感。下面来将其修除。

修除白点的思路非常简单，因为都是一些较小的点，我们可以使用污点修复画笔工具进行逐一修除即可。

新建得到"图层2",选择污点修复画笔工具,并在其工具选项栏上设置适当的画笔参数。

使用污点修复画笔工具分别在各个白点上单击即可将其修除。对于较大的白点,可以通过涂抹的方式进行修除。

下图所示是修除白点前后的局部效果对比。

本章所用到的素材及效果文件位于随书所附光盘"\第3章"文件夹内,其文件名与节号对应。

Part 02
旅行风光照片处理实战

第4章

旅行风光照片的光线与曝光处理

○—4.1 恢复局部曝光严重不足的雪山照片

扫描二维码观看本例视频教程

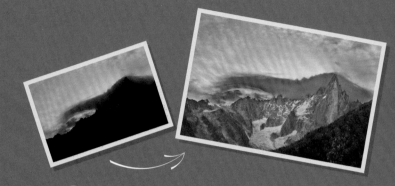

案例概述

在拍摄照片时，由于错误的曝光参数，或为了以高光区域为准进行拍摄，可能导致照片曝光不足的问题，在逆光环境下，这种问题尤为明显。此外，曝光不足还容易引发色彩灰暗、画面不够通透等连锁问题。

调整思路

调整曝光严重不足的照片时，主要可以分为调曝光与调色彩两部分。在调曝光时，主要是对中间调与暗部进行提亮处理，此时应特别注意保留高光区域的细节，另外还要注意避免调整过度而导致照片缺少明暗层次，甚至由于明暗不协调而出现的失真问题。调整得到恰当的曝光后，再对照片的色彩进行美化处理。

技术分析

按照前述调整思路，本例首先结合"阴影/高光"命令显示了暗调区域中的细节。此时，中景与近景的大山分别具有不同程度的曝光问题，因此我们结合调整图层与图层蒙版，分别对二者进行调整处理，直至得到满意的效果。

调修步骤 ————————

01 **显示暗部细节**

打开随书所附光盘中的素材"第4章\4.1-素材.JPG"。

对当前照片来说，最大的问题就是暗部曝光严重不足，因此首先来对其进行初步调整。

选择"图像-调整-阴影/高光"命令

在弹出的对话框中设置参数，以适当显示出阴影区域中的细节。

02　调整整体的对比度

通过上一步的调整，暗部已经显示出了很多细节，但仍显得曝光和对比不足，因此下面再来对整体进行调整。

单击创建新的填充或调整图层按钮 ，在弹出的菜单中选择"亮度/对比度"命令，得到图层"亮度/对比度1"，在"属性"面板中设置其参数，以调整图像的亮度及对比度。

由于照片的曝光并不均衡，无法一次性调整好整体曝光，因此这里是以中景处的大山为主进行曝光调整，以先确定该区域的曝光。

03　调整天空的曝光

通过上一步的调整，大山获得了较好的曝光，但天空则出现了严重的曝光过度问题，下面就来对其进行处理，首先要将天空选中。

选择快速选择工具 ，并在其工具选项栏上设置适当的参数。

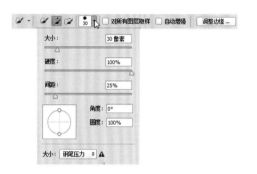

使用快速选择工具 在天空区域涂抹，直至将其选中。

由于云彩与大山有一定的混合，这部分很难精确选择，因此该区域只选出一个大致的结果即可，后面在调整好天空的曝光后，再针对此区域进行专门的调整。

单击创建新的填充或调整图层按钮 ，在弹出的菜单中选择"曲线"命令，得到图

层"曲线1"，在"属性"面板中分别选择
RGB 和"蓝"选项并设置其参数，以调整天
空的曝光与色彩。

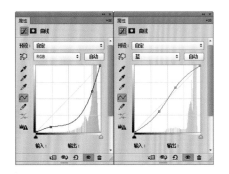

按住 Alt 键单击"曲线1"的图层蒙版，
可以查看其中的状态。

如前所述，云彩与大山混合在一起的部
分显得很生硬，下面将通过编辑图层蒙版的
方法，对该区域进行修饰，同时对其他区域
也会做适当的处理。

选择画笔工具，并在其工具选项栏中
设置适当的参数。

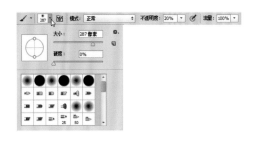

选择"曲线1"的图层蒙版，设置前景色
为黑色，使用画笔工具在天空与大山相交
的位置进行涂抹，直至得到较为自然的效果
为止。

04 调整右下方区域

画面中景的大山由于存在积雪，因此显
得相对较为明亮，而右下方的大山长满了绿
树则相对较暗，下面就来对其进行适当的曝
光处理。

按照上一步的方法，使用快速选择工具
选中右下方的大山。

单击创建新的填充或调整图层按钮，
在弹出的菜单中选择"曲线"命令，得到图

层"曲线2",在"属性"面板中设置其参数,
以提高该区域中的亮度与对比度。

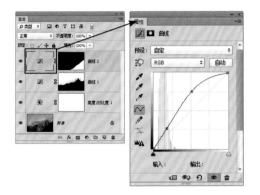

仔细观察可以看出,右下方绿树的色彩
不太正常,显得有些偏冷,绿色效果不明显,
因此下面再来对其进行处理。

选择"曲线2"并在"属性"面板中选择
"绿"通道,适当编辑其中的曲线,以增加更
多的绿色,直至满意为止。

05 美化整体色彩

至此,照片整体的曝光已经调整完毕,
但色彩上仍显得略有些偏灰,因此下面来对
整体进行提高色彩饱和度的处理。

单击创建新的填充或调整图层按钮 ,
在弹出的菜单中选择"自然饱和度"命令,
得到图层"自然饱和度1",在"属性"面板
中设置其参数,以美化照片整体的色彩。

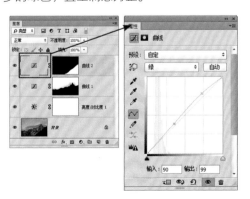

4.2 用 Camera Raw 修复影调平淡、色调灰暗的荒野照片

扫描二维码观看本例视频教程

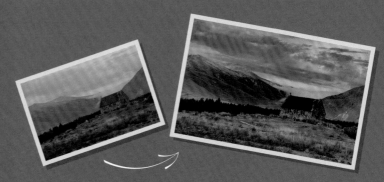

📺 案例概述

光线是摄影的灵魂，好的光线可以赋予画面更生动的表现力；相应的，若光线不好，画面的表现也会受到极大的影响，例如在"假阴天"的天气下，环境中的光线会显得灰暗，色彩上也会显得非常平淡。

💭 调整思路

在应对上述问题时，后期处理可以达到更好的效果，但由于调整的幅度较大，建议以 RAW 格式进行拍摄，从而为后期保留最大幅的调整空间。本例就是以 Adobe Camera Raw 软件为主，对曝光及画面色彩进行美化处理。要注意的是，要调出画面的层次感，要针对各部分进行单独处理，以求达到最佳的视觉效果。

需要说明的是，本例是以 Adobe Camera Raw 为主，后面会有少量 Photoshop 部分用于修杂色，进行最后的修饰。

PS 技术分析

本例主要是在 Adobe Camera Raw 中进行调整，除了基本的曝光与白平衡等参数外，还使用了调整画笔工具 🖌 及径向渐变工具 ○ 等。此外，本例还存在多余的人物，因此最后要转至 Photoshop 中进行修除人物等最终的润饰处理。

调修步骤 ●

01　裁剪照片

打开随书所附光盘中的素材"第4章\4.2-素材.NEF"，以启动 Adobe Camera Raw 软件。

观察当前照片可以看出，其底部有一条图像的视觉效果较差，而且较为显眼，因此下面先将其裁剪掉。

选择裁剪工具 🔲 并沿着照片边缘绘制一个覆盖整幅照片的裁剪框，然后向上拖动底部中间的控制句柄，以裁掉底部多余的一条图像。

得到满意的效果后，按 Enter 键裁剪即可。

02　设置相机校准

在"相机校准"选项卡的"名称"下拉

列表中，选择"Camera Neutral"选项，使画面变得更为柔和。

对于本例的风景照片来说，通常应该选择 Camera Landscape 相机校准，但应用后会发现照片的暗部被压得较为严重，因此通过选择不同的预设后，发现 Camera Neutral 更为合适，它可以让照片中的黄色和绿色元素的色彩显得更好一些。

03 调整色彩基调

下面通过调整白平衡参数的方式，调整照片的基调。对本例的照片来说，当前整体色调偏暖，而我们需要的是偏冷的色调效果，因此要适当调低色温数值。

在"基本"选项卡中，分别调整"色温"和"色调"参数，以改变照片整体的色彩基调。

04 调整整体的曝光

当前的照片整体显得偏暗，而且天空的细节较少，因此基本可以确定后面需要使用渐变滤镜对天空进行单独的校正处理。但在此之前，我们仍然有必要对照片整体的曝光进行初步的调整处理。

在"基本"选项卡中，分别调整"曝光"和"对比度"参数，以初步调整照片整体的曝光。

05 将画面处理得更通透

在原照片中，画面显得较为朦胧，看着像有雾气一样。下面就来对其进行处理，使画面显得更加通透。

选择"效果"选项卡并向右拖动 Dehaze 滑块，直至得到满意的效果为止。

Dehaze 可译为"去雾霾"，是 Adobe Camera Raw 9.1 版本新增的一项功能，它在抽取、提升被笼罩画面细节方面的作用还是非常强大的，可以轻易地将当前照片调出极佳的通透感。

06 调整天空

通过前面的调整，已经基本确定了照片整体的色彩基调及基础曝光，下面来针对照片各部分进行单独的调整，其中首先要对问题较为严重的天空进行处理。

选择渐变滤镜工具 并按住 Shift 键从照片顶部至中间区域绘制一个渐变，然后在右侧设置适当的参数，直至降低天空的曝光，显示出更多的细节。

通过前面的调整，天空已经基本显示出了更多的细节，但其中的云彩显得相对较暗，下面就来解决此问题。

选择调整画笔工具 并在右侧设置画笔大小等参数。

使用调整画笔工具 在云彩较暗的区域涂抹，以将其选中，然后在右侧设置适当的参数，直至得到满意的调整结果。

如果觉得调整效果不满意，可以继续使用调整画笔工具 进行涂抹，以增加调整范围，也可以按住 Alt 键进行涂抹，以减少调整范围。

07 调整中间区域

前面的调整主要是对天空进行处理，调整之后，中间区域显得略有些曝光过度，因此下面来对其进行适当的压暗处理。

选择径向渐变工具 ，以画面中心为起

点绘制一个椭圆形的范围，并在右侧底部设置"羽化"参数为 76 左右，然后在上方设置其他调整参数，以降低范围内图像的曝光。

下面分别对照片中各部分色彩进行单独的亮度处理，使整体更加美观、协调。

选择"HSL/ 灰度"选项卡，在其中分别拖动各个滑块，以改变相应的色彩。

08 调整照片整体的色彩

至此，我们已经初步调整好了照片的曝光，并显示出了较多的细节。但照片的色彩还没有达到预期的效果，下面就来对整体的色彩进行调整。

选择"样机校准"选项卡，在其中的"绿原色"和"蓝原色"区域设置参数，以强化照片整体的绿色效果，并适当增加一定的紫色。

选择"色调分离"选项卡，并在其中设置参数，以进一步优化其中的色彩。

09 调整房子的颜色

至此,我们已经基本完成了照片整体的调整,但仔细观察可以看出,其中的房子较暗,且色彩略有些浓郁,下面就来处理此问题。

选择调整画笔工具,并在右侧底部设置适当的画笔属性,然后在房子上涂抹,以大致将其选中。

在右侧上方设置适当的参数,以进行调整,直至得到满意的效果为止。

10 将照片导出为JPG格式

在本例开始时的分析文字中已经说明,本例最终是要在Photoshop中将多余的人物修除,这主要是由于Adobe Camera Raw提供的修复功能不太好用,尤其在修复较为复杂的图像时,很难做到精确的处理,因此下面将处理好的照片导出成为JPG格式,以便于在Photoshop中继续进行处理。

单击Camera Raw软件左下角的"存储图像"按钮,在弹出的对话框中设置适当的输出参数。

设置完成后,单击"存储"按钮即可在当前RAW照片相同的文件夹下生成一个同名的JPG格式照片。

11 修除多余的人物

对当前的照片来说,其中多余的人物较

多，而且其周围的图像较为复杂，因此不太适合使用过于智能、自动化的修复处理功能。在本例中，将使用修补工具🔲修除这些多余的人物。

按快捷键 Ctrl+J 复制"背景"图层得到"图层 1"。使用修补工具🔲绘制选区，以将其中一个人物选中。

将光标置于选区内部，并向右拖动，直至源图像完全覆盖目标人物。

释放鼠标左键，完成修复，按快捷键 Ctrl+D 取消选区。

按照上述方法，继续选中其中的人物及

一些小的多余元素并修除即可。

12 整体曝光及色彩润饰

至此，我们已经基本完成对照片整体的调整与修复处理。下面再对整体做最后的色彩润饰。

单击创建新的填充或调整图层按钮 🔘，在弹出的菜单中选择"色阶"命令，得到图层"色阶 1"，在"属性"面板中设置其参数，以调整图像的亮度及颜色。

单击创建新的填充或调整图层按钮 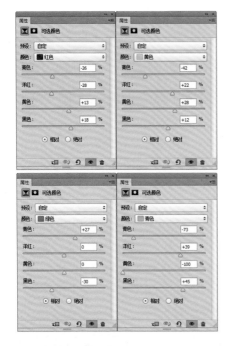，在弹出的菜单中选择"可选颜色"命令，得到图层"选取颜色1"，在"属性"面板中设置其参数，以调整图像的颜色。

13 锐化照片

为了让照片细节更加丰富，下面要对照片整体进行锐化处理，在本例中，使用的是高反差保留法。

选择"图层"面板顶部的图层，按 Ctrl + Alt + Shift + E 键执行"盖印"操作，将当前所有的可见图像合并至新图层中，得到"图层2"。

选择"滤镜－其它－高反差保留"命令，在弹出的对话框中设置"半径"数值为1.2，单击"确定"按钮退出对话框。

设置"图层2"的混合模式为"强光"。

下图所示为锐化前后的局部效果对比。

4.3 极简方法恢复大光比照片亮部与暗部的细节

扫描二维码观看本例视频教程

案例概述

在拍摄照片时，若景物受光不均匀，或光比较大时，就容易出现照片局部偏暗或曝光不足的问题。尤其在大光比环境下拍摄的照片，往往很难兼顾画面高光与暗调的细节。如果拍摄时间充裕，较常见的作法是分别针对高光区域与阴影区域进行测光拍摄，然后在后期处理时将两张照片合成在一起。但如果时间很紧张，则应该以高光区域为准进行拍摄，然后通过后期处理恢复阴影区域中的细节。

调整思路

在恢复阴影区域的细节时，恢复的细节越多，则阴影区域需要提升得越亮，产生的杂点也就越多，因此要在显示出更多细节与避免产生杂点之间做好平衡；在恢复高光区域的细节时，要比阴影区域更为困难，因此通常只做少量的恢复调整，以避免出现失真的问题。

PS 技术分析

本例主要使用"阴影 / 高光"命令进行调整，该命令是专门用于显示阴影和高光区域中的细节的，且使用方法极为简单，使用时注意不要过度调整即可。另外，通过创建智能对象图层，可以将"阴影 / 高光"命令创建为智能命令，摄影师可随时双击该命令进行反复的编辑和调整。

调修步骤 ●

01 创建智能对象

打开随书所附光盘中的素材"第 4 章\4.3-素材 .JPG"。

按快捷键 Ctrl+J 复制"背景"图层得到"图层 1"，在其图层名称上单击右键，在弹出的菜单中选择"转换为智能对象"命令。

这样的目的是为了在下面应用"阴影 / 高光"命令后，可以生成一个对应的智能命

令，双击它可以反复进行编辑和修改。

02 显示阴影细节

选择"图像－调整－阴影／高光"命令，在弹出的对话框中设置"阴影"参数，以显示出阴影区域的照片。

03 显示高光细节

在"阴影／高光"对话框中设置"高光"参数，以显示出云彩部分的细节。

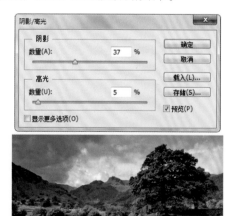

上面的调整结果虽然还不够让人满意，但如果继续增加"高光"参数，虽然还能再

显示出一些细节，但会导致高光与其他区域缺少自然的过度，导致照片失真。

设置完成后，单击"确定"按钮退出对话框，完成对照片的调整，此时会在"图层1"下方生成一个相应的智能命令。

04 提高整体对比度

通过前面的调整，虽然显示出了更多的阴影与高光的细节，但也让整体显得略有些对比度不足，因此下面来对其进行适当的提高对比度处理。

单击创建新的填充或调整图层按钮 ◐.，在弹出的菜单中选择"亮度／对比度"命令，得到图层"亮度／对比度1"，在"属性"面板中设置其参数，以调整图像的亮度及对比度。

调整后的右上方天空部分变得曝光过度，因此需要对其进行适当的恢复处理。

选择"亮度／对比度1"的图层蒙版，选择画笔工具 ✏️ 并在其工具选项栏上设置适当的参数。

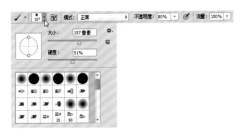

按住 Alt 键单击"亮度／对比度1"的图层蒙版，可查看其中的状态。

设置前景色为黑色，使用画笔工具 ✏️ 在右上方的云彩上涂抹，直至将其恢复出来即可。

4.4 快速纠正测光位置选择错误的水景大片

扫描二维码观看本例视频教程

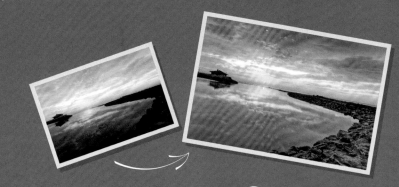

🄰 案例概述

正确的测光是实现正确曝光、拍出好照片的前提，但在很多时候会因时间匆忙、选择错误的测光模式等原因，而产生曝光问题，尤其是在光比较大的环境下。

🧠 调整思路

本例照片的问题在于，拍摄时以偏下方的暗部为主进行测光，导致天空较亮的部分出现了一定曝光过度的问题，同时，暗部也没有获得充分的曝光，因此本例需要尽量恢复高光与暗调区域的细节，并模拟中灰渐变镜，为天空制作具有渐变过度的效果。

PS 技术分析

在本例中，首先使用"阴影／高光"命令显示出更多的暗部细节，然后再结合"曲线"调整图层与图层蒙版，为天空调整曝光并模拟渐变过度效果。

调修步骤 ●

01 显示暗部细节

打开随书所附光盘中的素材"第4章\4.4-素材.JPG"。

对当前照片来说，暗部显得严重不足，因此首先来对其进行初步调整。

选择"图像 - 调整 - 阴影 / 高光"命令，在弹出的对话框中设置参数，以适当显示出阴影区域的细节。

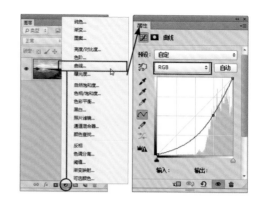

02 调整天空的曝光

在初步调整好暗部的曝光后，下面来解决照片的主要问题即天空区域的曝光。虽然本例的照片是 JPG 格式，高光区域较为难以修复，但还是可以在一定程度上进行调整，下面来讲解具体调整方法。

单击创建新的填充或调整图层按钮 ◐．，在弹出的菜单中选择"曲线"命令，得到图层"曲线1"，在"属性"面板中设置其参数，以压暗天空，显示出更多的细节。

由于当前的调整范围没有任何的限制，可以对照片整体进行调整，因此下面需要将"曲线1"的调整范围限制在天空区域。

选择"曲线1"的图层蒙版，选择渐变工具 ◪．并在其工具选项栏上设置适当的参数。

使用渐变工具 ◪．，在中间的地平线处按住 Shift 键从下至上绘制渐变。

按住 Alt 键单击"曲线 1"的图层蒙版，可以查看其中的状态。

03 调整地面曝光

通过前面的操作，已经基本调整好了天空的曝光，但地面显得相对较暗。通常情况下，我们有两种方案可以选择，其一是继续压暗天空，其二是提亮地面。对本例来说，压暗天空比较简单，直接在已有的"曲线 1"调整图层中继续调整即可，但前面已经对天空做了较大幅度的压暗处理，如果继续调暗，由于高亮部分已经无法显示出更多的细节，它与周围的云彩会形成过强的对比，使画面失真。因此，这里将采用第二种方法，即对地面进行提亮处理。

单击创建新的填充或调整图层按钮 ◑.，在弹出的菜单中选择"亮度 / 对比度"命令，得到图层"亮度 / 对比度 1"，按住 Alt 键拖动"曲线 1"的图层蒙版至"亮度 / 对比度 1"上，在弹出的提示框中单击"是"按钮即可。

选择"亮度 / 对比度 1"的图层蒙版，按快捷键 Ctrl+I 执行"反相"操作，使该图层针对地面进行调整。

选择"亮度 / 对比度 1"的缩略图，并在"属性"面板中设置参数，直至得到满意的效果为止。

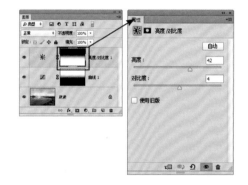

4.5 利用亮度蒙版细调照片的亮区、暗区、中灰区

扫描二维码观看本例视频教程

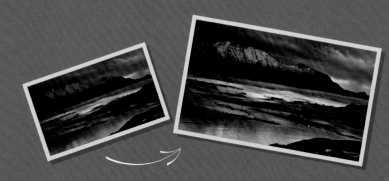

案例概述

在后期处理过程中，往往要先将要处理的区域选中，越精确地选中目标照片，调整的结果就会越精确，而越复杂的后期处理，要选中的照片也就越多。简单来说，亮度蒙版就是依据照片的亮度而创建的选区，依据不同亮度创建的选区，可以帮助摄影师选择照片的不同照片，从而实现准确的调整及润饰处理。

调整思路

利用亮度蒙版调整照片时，其基本思路就是根据要处理的目标照片，创建并使用相应的亮度蒙版，调整结合各个调整图层进行处理即可。创建亮度蒙版的方法有很多种，例如按住 Ctrl 键单击 RGB 通道载入的选区，就可以理解为依据照片整体亮度创建的亮度蒙版。手动调整亮度蒙版的方法较为复杂，因此本例将使用知名的 StarsTail(半岛雪人)插件，它可以依据照片的灰度、色彩及对比快速创建亮度蒙版，摄影师可根据需要进行选择。

技术分析

在本例中，将使用 StarsTail 插件，依据照片的灰度和色彩创建亮度蒙版——这些亮度蒙版均保存在"通道"面板中，然后将根据要调整的蓝天、云彩、山体等区域应用不同的亮度蒙版，再结合"曲线""可选颜色"及"色彩平衡"等调整，有针对性地处理照片各部分的曝光及色彩即可。

调修步骤

01 创建亮度蒙版

打开随书所附光盘中的素材"第 4 章\4.5-素材 .JPG"。

下面将启动 StarsTail 插件，并创建亮度蒙版。由于本例只用到了由"灰度"和"色彩"创建的亮度蒙版，因此下面将只创建这

两类亮度蒙版。读者在自己调片时，若不确定需要哪类亮度蒙版，可以创建所有的三类蒙版，以备使用。

选择"窗口－扩展功能－StarsTail"命令，以调出 StarsTail 面板。

在 StarsTail 面板中选择"蒙版"选项卡，再分别选择"灰度"和"色彩"选项卡，并单击其中的建立全部灰度通道按钮▸和建立全部色彩通道按钮▸。

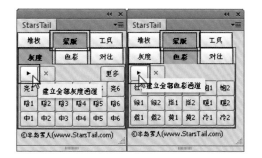

通道作为图层蒙版添加给"曲线 1"调整图层。

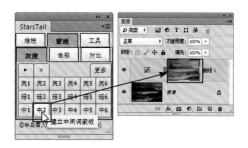

"灰度"和"色彩"类亮度蒙版是最常用的类型，通常情况下，可以生成这两类亮度蒙版备用。当然，在本例中，实际上只使用了"灰度"类型的亮度蒙版。

02 调整中间调区域

由于照片整体偏向曝光不足，但从高光、中间调及暗调 3 个区域来说，每个区域中的幅度各不相同，下面从中间调区域进行调整，因为这是占据画面最大面积的区域。

观察第一步生成的亮度蒙版，其中"中间调"的 3 个亮度蒙版是较为合适的，其中"中间调 1"和"中间调 3"显得范围过小和过大，"中间调 2"相对显得比较合适，因此下面就使用此亮度蒙版对中间调区域进行调整。

单击创建新的填充或调整图层按钮 ◐ ，在弹出的菜单中选择"曲线"命令，得到图层"曲线 1"。

在 StarsTail 面板中单击"中 2"按钮，从而将对应的亮度蒙版应用于当前所选的"曲线 1"调整图层中，也就是将"中间调 2"

双击"曲线 1"调整图层的缩略图，在弹出的"属性"面板中设置其参数，以调整照片的曝光。

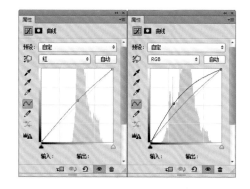

03 调整暗调区域

在初步调整好中间调区域后，下面来继续调整暗调区域。在这里是按照上一步的分析方法，最终选用了"暗调 3"亮度蒙版。

单击创建新的填充或调整图层按钮 ◐ ，在弹出的菜单中选择"曲线"命令，得到图层"曲线 2"。

在 StarsTail 面板中单击"暗调 3"按钮，将对应的亮度蒙版应用于当前所选的"曲线 2"调整图层中，也就是将"暗调 3"通道作为图层蒙版添加给"曲线 2"调整图层。

双击"曲线 2"调整图层的缩略图，在弹出的"属性"面板中设置其参数，以调整照片的曝光。

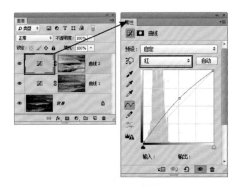

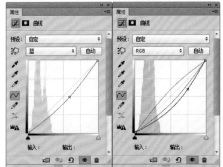

04 调整地面的暗调区域

通过上一步的调整，对暗部整体做了压暗处理，增强了画面的对比度，但地面上的暗部区域显得过暗了，因此下面再来对其进

行适当的处理。按照第 2 步的方法，通过观察可以看出，"暗调 4"亮度蒙版是比较合适的，但其范围过大，我们只需要关注地面的区域就够了。

使用套索工具 ⌁ 沿着地面区域的边缘大致绘制一个选区，以粗略将其选中。

按快捷键 Ctrl+Alt+shift 单击通道"暗调 4"，得到二者相交的选区。

单击创建新的填充或调整图层按钮 ⊙ ，在弹出的菜单中选择"曲线"命令，得到图层"曲线 3"，在"属性"面板中设置其参数，以调整地面景物的亮度。

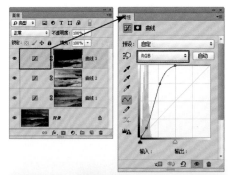

由于前面只是粗略选中地面，因此调整后边缘显得有些生硬，下面来对边缘进行适

当的修饰。

选择"曲线3"的图层蒙版，设置前景色为黑色，选择画笔工具 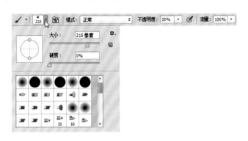 并在其工具选项栏上设置适当的参数。

使用画笔工具 在生硬的边缘处进行涂抹，直至得到满意的效果。

按住 Alt 键单击"曲线3"的图层蒙版，可以查看其中的状态。

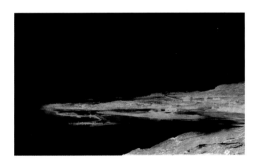

05 调整高光区域

通过前面的调整，画面的中间调和暗调已经基本处理好，但亮部还显得略有些不足，整体不够通透，因此下面来对高光区域进行高亮处理。按照第2步的方法，下面选用"亮调2"亮度蒙版进行处理。

单击创建新的填充或调整图层按钮 ，在弹出的菜单中选择"曲线"命令，得到图层"曲线4"。

在 StarsTail 面板中单击"亮调2"按钮，将对应的亮度蒙版应用于当前所选的"曲线4"调整图层中，也就是将"亮调2"通道作为图层蒙版添加给"曲线4"调整图层。

双击"曲线4"调整图层的缩略图，在弹出的"属性"面板中设置其参数，以调整照片的曝光。

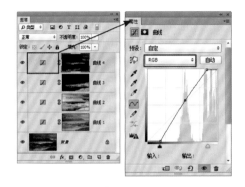

06 调整雪山的亮度

通过上一步的调整，强化了画面的高光，但雪山上的白雪仍然显得较暗，而且色调与整体也不太协调，下面就来解决此问题。按照第2步的方法进行分析，这里选用"亮调1"通道为基础进行调整。

使用套索工具 沿着雪山的边缘大致绘制选区，以粗略将其选中。

按快捷键Ctrl+Alt+Shift并单击通道"亮调1"的缩略图,得到与"曲线4"调整图层相交后的选区。

单击创建新的填充或调整图层按钮 ⊘.,在弹出的菜单中选择"亮度/对比度"命令,得到图层"亮度/对比度1",并以当前选区为调整图层添加图层蒙版。

当前图层蒙版的亮度较弱,即选择的范围较小,因此需要对其进行适当的提亮处理。

选择"亮度/对比度1"的图层蒙版,按快捷键Ctrl+L应用"色阶"命令,在弹出的对话框中设置适当的参数,以得到较好的亮度效果。

双击"亮度/对比度1"的图层缩略图,在"属性"面板中设置其参数,以调整雪山的亮度。

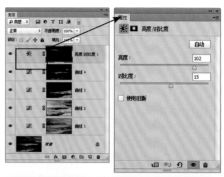

按照第4步的方法,选择"亮度/对比度1"的图层蒙版,并对硬边进行涂抹。

按住Alt键单击"亮度/对比度1"的图层蒙版,可以查看其中的状态。

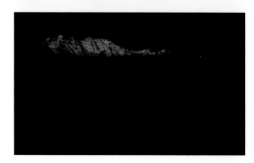

07　调整雪山的颜色

上一步中已经提到过，雪山的色调与整体不太协调，下面将继续利用上一步处理的图层蒙版，为雪山叠加暖调色彩。

按 Ctrl 键单击"亮度 / 对比度 1"的图层蒙版以载入其选区，单击创建新的填充或调整图层按钮 ⊙，在弹出的菜单中选择"纯色"命令，在弹出的对话框中设置颜色值为 edb02c，单击"确定"按钮退出对话框，同时得到图层"颜色填充 1"，并设置其不透明度为 80%。

08　润饰天空与水面的色彩

相对于画面中间的暖调色彩，水面的暖调效果还不够浓，天空也显得很灰暗，下面分别对其进行润饰处理。

新建得到"图层 1"，设置前景色的颜色值为 f9d530，选择画笔工具 ✐ 并在其工具选项栏上设置适当的参数，然后在水面上涂抹。

设置"图层 1"的混合模式为"柔光"，不透明度为 28%。

按照上述方法，再对天空进行涂抹并设置适当的混合模式等参数，以润饰天空的色彩。

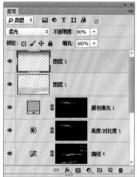

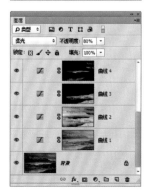

4.6 为天空合成更大气的云彩

扫描二维码观看本例视频教程

案例概述

在拍摄风光照片时，若以地面景物为主进行测光拍摄，则天空区域可能因此而曝光过度，变为惨白色。即使获得了较好的曝光结果，也可能会由于天空中的云彩不够美观，而影响画面整体的表现。本例就来讲解将这种失败的天空替换为大气云彩的方法。

调整思路

要替换画面的天空，首先要选定用于替换的新天空照片，然后利用选区或图层蒙版，将需要的部分保留下来。此外，在选择替换的云彩时，要注意云彩的大小以及透视角度应与原照片相匹配，避免画面失真。

技术分析

本例主要是结合图层蒙版与绘图功能，将新的天空覆盖在原照片之上，并适当隐藏多余的部分即可。由于本例照片中远处的山上有树木，其边缘较为复杂，难以使用图层蒙版进行精确的合成处理，因此本例还使用了"混合选项"命令进行处理。最后再根据照片的曝光，对其进行适当的亮度与色彩调整即可。

调修步骤

01 初步融合两幅照片

打开随书所附光盘中的素材"第4章\4.6-素材1.JPG"。

打开随书所附光盘中的素材"第4章\4.6-素材2.JPG"，并使用移动工具 将其拖至上面打开的"素材1"当中，得到"图层1"。

在实际处理时，可能出现素材之间大小不一致的问题，此时可以按快捷键 Ctrl+T 调出自由变换控制框。按住 Shift 键拖动四角的任意一个控制句柄，以调整照片的大小，直至得到满意的效果后，按 Enter 键确认变换即可。

单击添加图层蒙版按钮 为"图层1"添加图层蒙版，设置前景色为黑色，选择画笔工具 并在其工具选项栏上设置适当的参数。

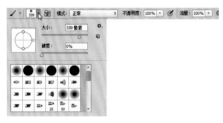

使用画笔工具 在下方多余的图像上进

行涂抹，直至将其隐藏为止。

按住 Alt 键单击"图层 1"的图层蒙版，
可以查看其中的状态。

对于右侧中间大山与天空交接的部分，由
于其界线非常明显，因此在涂抹时，应将画笔
的"硬度"数值设置得高一些，尽量涂抹的精
确一些即可，后面还会对此处进行进一步处理。

02 精确处理大山边缘

通过上一步的处理，已经初步将新的云
彩合成至照片中，但右侧大山的边缘细节较
多，因此需要做进一步的处理。

使用套索工具 绘制选区，大致将右侧
大山与天空相交的位置选中。

选择"背景"图层，按快捷键 Ctrl + J
执行"通过拷贝的图层"操作，从而将选区
中的图像拷贝到新图层中，得到"图层 2"，

并将其移至"图层 1"的上方。

选择"图层 2"，单击添加图层样式按钮
fx.，在弹出的菜单中选择"混合选项"命令，
在弹出的对话框底部，按住 Alt 键并单击"本
图层"中的白色三角滑块，使之变为两个半
三角滑块，再分别拖动这两个半三角滑块，
得到满意的融合效果后，单击"确定"按钮
退出对话框。

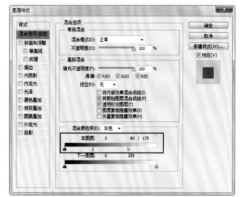

03 调整天空的曝光

通过上面的处理，新的天空已经与原照
片融合在一起，但新的天空相对而言略有些
曝光过度，因此下面来对其进行适当的调整。

单击创建新的填充或调整图层按钮 ，

在弹出的菜单中选择"曲线"命令，得到图层"曲线1"，在"属性"面板中设置其参数，以调整图像的颜色及亮度。

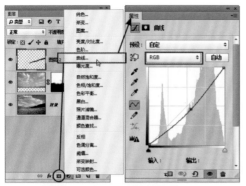

这里只是要调整天空的曝光，因此下面需要利用图层蒙版对下方地面所做的调整隐藏起来。

选择"曲线1"的图层蒙版，设置前景色为黑色，选择画笔工具 ✎ 并设置适当的画笔参数，在地面区域进行涂抹，直至得到满意的效果。

按住 Alt 键单击"曲线1"的图层蒙版，可以查看其中的状态。

通常来说，由于"图层1"（即新的天空所在的图层）已经用图层蒙版限定了其显示范围，因此要调整其曝光，直接将"曲线1"与"图层1"之间创建剪切蒙版，即可只对天空进行调整。但本例有些特殊，由于处理后的天空实际上是由"图层1"和"图层2"两部分图像组成的，因此只能创建一个对下方所有图像进行处理的调整图层，再结合图层蒙版限定其调整范围。

04 调整暗部细节

观察照片整体可以看出，右侧大山的位置存在较严重曝光不足的问题，下面就来对其进行处理，以显示出更多的细节。

选择"图层"面板顶部的图层，按快捷键 Ctrl + Alt + Shift + E 执行"盖印"操作，从而将当前所有的可见图像合并至新图层中，得到"图层3"。

选择"图像－调整－阴影/高光"命令，在弹出的对话框中设置参数，以显示出更多阴影区域的细节。

05 润饰对比与色彩

至此，已经基本完成了照片的合成与曝光处理，但观察整体可以看出，由于加入了新的天空，且对暗部做了较大幅度的提亮处

理，因此整体显得有些对比度不足，下面就
来优化整体的对比，并对色彩进行适当润饰。

单击创建新的填充或调整图层按钮 ◎.，
在弹出的菜单中选择"亮度 / 对比度"命令，
得到图层"亮度 / 对比度 1"，在"属性"面板
中设置其参数，以调整图像的亮度及对比度。

单击创建新的填充或调整图层按钮 ◎.，
在弹出的菜单中选择"自然饱和度"命令，
得到图层"自然饱和度 1"，在"属性"面板
中设置其参数，以调整图像整体的饱和度，
使照片变得更加艳丽。

4.7 用 Camera Raw 合成出亮部与暗部细节都丰富的 HDR 照片

扫描二维码观看本例视频教程

案例概述

HDR 是近年来一种极为流行的摄影表现手法，或者更准确来说，它是一种后期照片处理技术，而所谓的 HDR，英文全称为 High-Dynamic Range，指"高动态范围"，简单来说，就是让照片无论高光还是阴影部分都能够显示出充分的细节。本例就来讲解 HDR 照片的合成方法。

调整思路

在本例中，由于环境的光比较大，因此拍摄了 3 张不同曝光的 RAW 格式照片，以分别显示出高光、中间调及暗部的细节，这是合成 HDR 照片的必要前提，会对合成结果产生很大的影响。拍摄出恰当的照片后，只需要在 Adobe Camera Raw 中按部就班地进行合成并调整即可。

技术分析

本例是使用 RAW 格式照片合成 HDR，因此采用的是 Adobe Camera Raw 9.0 中新增的"合并到 HDR"命令进行合成，它可以充分利用 RAW 格式照片的宽容度，更好地进行合成处理。要注意的是，建议使用 Photoshop CC 2015 版搭配 Adobe Camera Raw 9.0 以上的版本，否则可能会出现无法合成 HDR 的情况。

调修步骤

01 合并HDR照片

在 Photoshop 中按 Ctrl+O 键，在弹出的对话框中打开随书所附光盘中"第 4 章 \4.7-素材"文件夹内的照片，此时将在 Adobe CameraRAW 中打开这 3 幅素材。

在左侧列表中选中任意一张照片，按快捷键 Ctrl+A 选中所有的照片。按快捷键 Alt+M，或单击列表右上角的菜单按钮 ，在弹出的菜单中选择"合并到 HDR"命令。

在经过一定的处理过程后，将显示"HDR合并预览"对话框。通常情况下，以默认参数进行处理即可。

单击"合并"按钮，在弹出的对话框中选择文件保存的位置，并以默认的 DNG 格式

进行保存，保存后的文件会与之前的素材一起显示在左侧的列表中。

02 调整整体曝光及色彩

在初步完成 HDR 合成后，照片整体的曝光还有些偏亮，色彩也不够浓郁，因此下面来对整体进行一定的校正处理。

选择"基本"选项卡，并适当编辑"曝光""清晰度"及"自然饱和度"数值，直至得到满意的效果。

03 调整天空

在初步完成 HDR 合成后，下面可以像对普通的 RAW 照片一样，在 Adobe Camera Raw 中继续进行处理。在本例中，合成后的 HDR 照片的天空还显得不够浓郁，因此下面先来对其曝光进行处理。

选择渐变滤镜工具 ◻，按住 Shift 键从上至中间绘制一个渐变，并在右侧设置其参数，以调整天空的曝光及色彩。

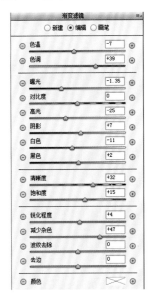

04 调整整体的色彩

下面来对照片整体的色彩进行一定的润饰处理。首先要让照片整体的蓝紫色调更强烈一些。

选择 "HSL/ 灰度" 选项卡中的 "色相" 子选项卡，并分别拖动其中的滑块，以初步改变以天空为主的色彩。

保持在 "HSL/ 灰度" 选项卡中，再选择 "饱和度" 子选项卡，分别拖动其中的滑块，以提高色彩的饱和度，让整体的色彩更加浓郁。

物、对整体进行锐化等，这些处理较为简单，且不是本例的讲解重点，故不再详细说明。

至此，我们已经基本完成了 HDR 照片的合成与润饰，用户可以在此基础上，将其转换为 JPG 格式，并在 Photoshop 中做进一步的润饰，如修除左下角多余的植

4.8 用 Photomatix 合成出色彩艳丽的 HDR 照片

扫描二维码观看本例视频教程

📖 案例概述

上一例中是使用 Photoshop 合成 HDR，相对来说，这是需要较多调整步骤的过程，而对于比较成熟的 Photomatix Pro 软件来说，合成起来更加简单、智能，用户只需要简单的设置，就可以得到很好的 HDR 合成效果，本例就来讲解其方法。

💬 调整思路

在本例中，将使用 Photomatix Pro 软件来合成 HDR 照片。该软件的特点是 HDR 算法较为成熟，合成的效果非常出色，而且支持对单张或多张的 JPG 或 RAW 格式照片进行处理。该软件的各部分功能都提供了大量的预设，大部分情况下，摄影师只需要选择几个预设参数就可以得到非常好的 HDR 效果。

PS 技术分析

在本例中，使用 Photomatix Pro 软件对单张 RAW 格式照片进行 HDR 合成处理。在处理过程中，将首先对照片的噪点、色彩等基础问题进行校正，然后使用软件自带的预设并结合自定义参数，处理得到满意的 HDR 效果。最后，还对照片的对比度细节进行润饰。

调修步骤 ●

01 载入单张照片

启动 Photomatix Pro 软件。

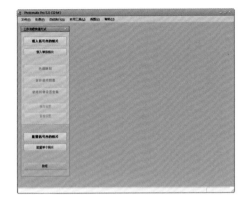

单击左上方的"载入单张照片"按钮，在弹出的对话框中打开随书所附光盘中的素材"第 4 章 \4.8- 素材 .CR2"。

本例使用 RAW 格式照片进行 HDR 合成，该格式包含的信息更为丰富，因此能够得到更好的 HDR 效果。用户也可以使用 JPG 格式进行合成，但由于所包含的照片信息相对较少，因此合成效果可能略差，其合成方法与 RAW 格式基本相同。

02 以默认参数合成HDR

由于本例是使用 RAW 格式进行合成的，因此在打开照片后，将显示针对 RAW 格式照片的处理选项对话框，主要是针对噪点、色差及白平衡等进行处理，摄影师可以根据需要进行选择。在本例中，由于是夜景照片，不可避免的会产生一定噪点，因此仅选中了"降低噪点"选项。

在单击"确定"按钮后，将自动执行下一步骤的操作，即以默认的参数自动对照片进行 HDR 合成处理。

由于消除噪点操作也会一定程度上减少照片中的细节，因为该操作并不是必须的，可根据实际情况进行设置。如果照片中没有噪点或仅有少量噪点，建议选择"否"，以避免损失照片中的细节。

若使用 JPG 格式进行合成，在打开照片后，需要单击左侧的"色调映射"按钮，默认情况下，将显示提示框，询问是否对噪点进行消除处理。无论单击"是"或"否"，都将自动进入下一步，以默认照片进行 HDR 处理。

处理完成后，将自动以默认的参数对照片进行 HDR 合成处理。

03 应用其他预设

默认情况下，软件界面的右侧会显示"预设"面板，其中包含了所有软件自带的调整预设，并显示了相应的预览效果，单击任意一个缩略图即可应用该预设。本例中应用的是"油渍"预设，使照片中的冷暖色调对比达到最佳。

在左侧拖动各个参数，可对 HDR 的强度、色调、曝光及色彩等属性进行调整处理，在右侧可以选择软件提供的预设或摄影师自定义保存的处理预设。下图所示是对左则的部分参数进行优化调整后的效果。

04 预览局部效果

为了更好地观察 HDR 合成结果的细节，摄影师可在照片的某个位置单击，放大预览该部分内容。

05 优化照片细节

确定得到满意的效果后，可以单击左侧的"应用"按钮完成照片处理。

完成照片处理后，返回软件主界面，此时可以显示"点睛"面板，在其中进一步进行一些常用的润饰处理，如对比度、颜色及锐度等。下图所示是自定义调整"对比度"相关参数后的效果。

处理完成后，可单击左侧的"保存最终照片"按钮，弹出"另存为"对话框，以设置文件保存的位置及名称。

若在其中选中"保存色调映射设置"选项，则可以将本次调整的参数保存为与照片同名的 xmp 文件，以便于以后载入使用。

本章所用到的素材及效果文件位于随书所附光盘"\第4章"文件夹内，其文件名与节号对应。

第5章 | 旅行风光照片的色温与色彩处理

5.1 调校错误的白平衡效果

扫描二维码观看本例视频教程

案例概述

在拍摄照片时，可能会由于自动白平衡判断失误，或设置了错误的白平衡，导致照片出现偏色的问题。虽然偏色的色彩多种多样，但调校的思路是基本相同的。本例将以校正偏冷调的照片为例，讲解其调整思路及方法。

调整思路

RAW 格式照片拥有极高的宽容度，因此在白平衡调整方面拥有极大的优势，本例就是以此为基础进行处理的。但由于照片的曝光较为复杂，因此需要分区对各部分的色彩进行处理，同时还要注意保持整体色彩的协调性和统一性。

PS 技术分析

本例首先对照片整体的白平衡做初步的调整，以确定基本的色彩，然后再结合渐变滤镜工具和径向滤镜工具，分别对各部分的曝光及色彩进行校正。

调修步骤 ———————————

01 调整整体白平衡

打开随书所附光盘中的素材"第 5 章 \5.1-素材 .NEF"，以启动 Adobe Camera Raw 软件。

本例要制作一个冷暖对比的画面效果，但当前照片基本是以冷调为主，因此首先需要对整体的白平衡做一个大幅度的调整，以确定照片整体的基调。

在"基本"选项卡中，分别拖动"白平衡"下方的"色温"和"色调"滑块，以改变照片整体的色彩。

在初步确定整体的色彩后，照片整体的曝光仍然非常灰暗，虽然后面会分区对各部分进行处理，但为了降低调整的工作量，还是应该先对整体进行大致的校正处理。

在"基本"选项卡中，分别调整中间区域的各个参数，以改善照片整体的曝光。

实际上，本例希望将画面调整为偏向蓝紫色调的色彩效果，因此下面再继续对色彩进行调整，以少量增加画面中的紫色调。

选择"HSL/灰度"选项卡中的"色相"子选项卡，并向右侧拖动"蓝色"滑块，直至得到满意的效果为止。

02 调整天空

当前照片的天空存在较明显的曝光过度问题，下面将使用渐变滤镜功能，对其进行校正处理。

选择渐变滤镜工具 ▣，按住 Shift 键从上至中间处绘制一个渐变，并在右侧设置其参数，以压暗天空，并为其赋予冷调色彩。

03 增加暖调色彩

为了获得更好的画面层次感，下面将靠近太阳东山的位置处理为暖调效果，从而与天空形成鲜明的对比。

选择径向渐变工具 ◉，在右侧底部设置

其基本属性。

以画面中心偏上的位置为起点绘制一个椭圆形的径向渐变,并在右侧设置参数,以将此范围调整为暖调效果。

04 调整水面

通过前面的调整,已经基本完成了对天空的处理,下面来继续处理画面下半部分的水面。

水面的处理方法与前面讲解的天空的处理方法基本相同,都是利用渐变滤镜工具和径向渐变工具,分别对下半部分和底部的植物进行处理,其操作方法前面已经讲过,下面只给出调整的参数及对应的调整效果。

上面绘制的径向渐变中心位于照片以外，这里主要利用了径向渐变右上方的部分，对底部进行调整。缩小比例时，显示为如下图所示的状态。

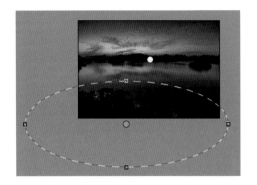

05 让整体更加通透

观察照片整体可以看出，虽然已经初步完成了各部分的调色处理，但仍然显得有些灰暗，整体感觉不够通透，下面将利用 Adobe Camera Raw 9.1 版本中新增的 Dehaze（去雾霾）功能进行优化处理。

选择"效果"选项卡，并向右拖动 Dehaze 滑块，直至得到满意的效果为止。

选择"HSL/灰度"选项卡中的"明度"

选项卡，分别拖动其中的各个滑块，以提亮相应的色彩，使照片整体变得更加通透。

至此，我们已经基本完成了对照片整体的处理，接下来可以将其存储为 JPG 格式，在 Photoshop 中继续进行一些细节的优化处理，其方法较为简单，故不再详细讲解，下图所示是在 PHotoshop 中调整后的效果。

5.2 模拟自定义白平衡拍摄效果

扫描二维码观看本例视频教程

案例概述

对于日出前或日落后时拍摄的照片来说，环境中的光线和色彩变化都很快，因此很难精确控制白平衡，得到满意的曝光及色彩。但在以 RAW 格式拍摄时，可以通过后期处理，任意进行自定义白平衡调整，曝光方面也能够得到很好的修正。

调整思路

在调整过程中，首先可以根据要得到的目的颜色，进行一个大致的白平衡设置，在确定好整个照片的基调后，可分别对天空与地面做进一步的色彩调整。由于本例中的天空和地面都存在较严重的曝光问题，因此可按"先调光、后校色"的思路进行处理，因为调整曝光的同时，也会对颜色产生一定影响。

PS 技术分析

在本例中，主要是通过设置照片基本的色温与色调属性，再结合 Camera Raw 中的渐变滤镜功能，分别对天空和地面进行曝光与色彩方面的处理。由于本例中暗部的曝光不太均匀，因此笔者还使用了调整画笔工具对局部曝光进行了适当的调整。

调修步骤

01 确定照片基本色调

打开随书所附光盘中的素材"第 5 章\5.2-素材 .CR2"，以启动 Adobe Camera Raw 软件。

下面首先来调整照片整体的色调，即对照片的白平衡进行重新定位，这关系到照片整体视觉效果的表现，也会很大程度上影响后面的调整方式。当然，在调整过程中，也可以根据需要，适当对其进行改变。

选择"基本"选项卡，在其中分别拖动"色温"和"色调"滑块，以确定照片的基本色调。本例中是将天空中的红色云彩调整为紫红色效果。

景物。

02 调整天空与地面

在初步确定照片的基本色调后，下面就开始针对照片天空过亮、地面过暗的问题进行处理。由于二者之间具有较明显的区域划分，因此本例中将使用渐变滤镜工具进行曝光与色彩的调整，这也是处理此类问题时非常常用的调整方式。

在顶部工具栏中选择渐变滤镜工具，并在右侧设置任意参数，然后按住 Shift 键从顶部至中间处绘制渐变。

在确定了调整的范围后，再在右侧设置详细的参数，直至让天空显示出足够的细节，而且色彩也更加鲜明。

调整好天空后，下面可以按照类似的方法，继续使用渐变滤镜工具处理地面

由于前面已经使用渐变滤镜工具对天空进行过调整，因此再创建对地面调整的渐变时，会自动继承上一次的参数，此处只需要对曝光及部分调整暗部细节的参数进行修改即可。

03 调整整体曝光

至此，照片整体的曝光已经较为均衡，该显示出来的细节也都处理完毕，但就整体来说，仍然显得对比度不足，细节也需要进一步处理。

选择其他任意工具，以退出渐变滤镜编辑状态，然后在"基本"选项卡中设置参数，以进一步调整照片中的细节。

此处调整的参数并不固定，是根据照片细节的需要而分别调整的，参数之间也存在一定的重叠性，例如此处设置了"曝光"数值为 0.20，如果没有设置此参数，也可以通过适当提高"高光"和"白色"参数而得到类似的调整结果。

04 调整局部过暗的景物

至此，已经基本完成了照片的处理，但前景处最高的山峰由于受光不足，与周围景物比起来显得过暗，左侧中间的白色山体部分也存在类似问题，因此下面来对其进行单独处理。

在顶部工具栏中选择调整画笔工具，在右侧底部设置其"大小"及"浓度"等参数，在最高的山峰和左侧中间的山体上涂抹，以确定调整范围，此时将在照片中显示画笔

标记，然后设置适当的调整参数，直至满意为止。

在未选中当前画笔标记时，将光标置于画笔标记上，可显示当前的调整范围。若对此范围不满意，可以按住 Alt 键进行涂抹，从而减小调整范围。

5.3 利用渐变映射制作金色的落日帆影

扫描二维码观看本例视频教程

CG 案例概述

日落前后是摄影的最佳时间之一，其中金色夕阳效果更是广大摄影爱好者钟爱的题材，但受天气、环境光、地理位置以及相机设置等多方面因素影响，拍摄出的画面可能存在画面昏暗、色彩不够艳丽等问题，本例就来讲解如何使用简单的方法来制作低色温的金色夕阳效果。

调整思路

本例将通过为画面从明到暗的照片，重新叠加色彩的方式，实现制作金色夕阳的效果。这种技法适合于画面较为简洁、明暗对比鲜明且细节丰富的照片，例如在夕阳时分的逆光剪影就是非常好的选择。

PS 技术分析

在本例中，主要使用"渐变映射"命令，为照片叠加新的色彩，以创建金色夕阳的基本色调，然后再使用"曲线"命令，结合图层蒙版功能，分别对剪影和剪影以外的区域进行色彩及亮度的优化。

调修步骤

01 为照片整体叠加新的色彩

打开随书所附光盘中的素材"第5章\5.3-素材.JPG"。

首先，我们来为照片整体叠加金色色彩。

单击创建新的填充或调整图层按钮 ，在弹出的菜单中选择"渐变映射"命令，创建得到"渐变映射1"调整图层，然后在"属性"面板中单击渐变显示条，在弹出的"渐变编辑器"对话框中添加色彩并设置颜色，从左到右各色标的颜色值分别为030000、c57900、ffb400、ffd800和白色。

上面"渐变编辑器"中的渐变是针对当前照片设置的，读者在实际调整时，可根据照片

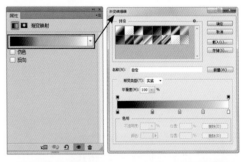

的明暗分布情况进行适当的调整。例如，若照片的高光区域较大，则可以将右数第2个黄色色标再向右调整，以减少白色的比重。

02 调整剪影以外的区域

在为照片叠加新的色彩后，整体的色彩还不够浓郁，暖调的感觉不足，而且周围的区域也显得偏亮，缺少对比，因此下面要对剪影以外的区域进行适当的提高对比度处理。

单击创建新的填充或调整图层按钮 ⊘，在弹出的菜单中选择"曲线"命令，得到图层"曲线1"，在"属性"面板中设置其参数，以调整照片整体的的亮度与对比度。

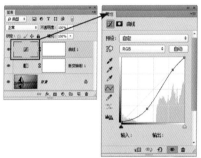

如前所述，我们只是要对剪影以外的区域进行调整，而当前是对整体进行调整的，因此剪影变得过于强烈，已经形成了死黑的效果，下面来对其进行适当的校正处理。

切换至"通道"面板，选择"绿"通道。

按快捷键 Ctrl+A 执行"全选"操作，按快捷键 Ctrl+Shift+C 执行"合并拷贝"操作。

返回"图层"面板，按住 Alt 键单击"曲线1"的图层蒙版，并按快捷键 Ctrl+V 执行"粘贴"操作。再次按住 Alt 键单击"曲线1"的图层蒙版，以退出编辑状态。

03 调整剪影区域

下面再来调整一下照片中暗部的曝光，使之与整体更加匹配。

按快捷键 Ctrl+J 复制"曲线1"得到"曲线1拷贝"，然后选中其图层蒙版，按快捷键 Ctrl+I 执行"反相"操作。

双击"曲线1拷贝"的图层缩略图，在"属性"面板中调整曲线，直至得到满意的效果为止。

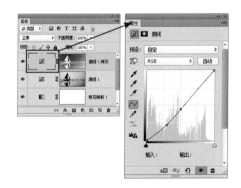

5.4 将阴雨天的昏暗照片调出色彩氛围

扫描二维码观看本例视频教程

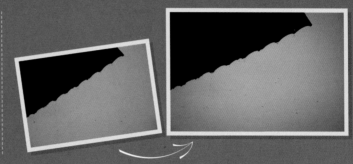

📷 案例概述

下雨天最大的问题就是光照较弱，通常拍摄出的照片都是一片灰暗。但摄影师不要因此灰心，在以 RAW 格式拍摄后，可以通过后期处理，对其进行焕然一新的润饰处理。

💭 调整思路

在本例中，照片最大的问题就是由于在阴天时拍摄，没有设置恰当的白平衡（例如"白炽灯""晴天"白平衡，可为画面赋予一定的冷色调效果），导致照片几乎没有色彩。要为这样的照片叠加色彩，就可以利用 RAW 格式照片记录下的丰富原始信息，通过调整照片的色温入手，再加上适当的曝光及对比度等方面的润饰，从而为画面赋予新的意境表达。

PS 技术分析

本例主要是利用 Camera Raw 软件的"基本"选项卡中的参数，对照片的曝光及色彩进行润饰。由于原照片非常灰暗，层次模糊，因此本例首先对对比度进行调整，然后再通过色温及色调的调整，使画面获得恰当的色彩，最后再为照片增加暗角，以突显照片的意境。

调修步骤

01 为照片叠加色彩

打开随书所附光盘中的素材"第 5 章\5.4-素材 .CR2"，以启动 Adobe Camera Raw 软件。

为当前这幅接近"黑白"效果的照片叠加色彩，实际上就是为照片设置白平衡，这在拍摄阶段就可以通过设置如"闪光灯"白平衡或手动调整较低的色温数值来实现。Camera Raw 软件也是按照类似的原理进行调整的。

选择"基本"选项卡，在其中分别拖动"色温"和"色调"滑块，使照片初步具有了蓝色色调效果。

02　提高对比度

　　叠加颜色后的照片显得较为灰暗——实际上，原照片本身就非常灰暗，只是为其叠加颜色是首要的操作，因此才通过上一步操作为其叠加了蓝色色调。在本步的操作中，要提高其对比度，使画面变得更加通透。

　　在"基本"选项卡中，向右侧拖动"对比度"滑块，直至得到满意的效果为止。

03　优化照片整体曝光

　　对当前照片来说，左上方的剪影是画面的重要组成部分，其色调构成了画面的暗部，因此其他区域的图像应该组成画面的高光与中间调，从而实现整体影调的平衡。但通过上面的调整后，画面的天空部分变得更暗，下面就来对其进行曝光方面的优化调整。

　　在"基本"选项卡中，分别拖动右侧中间的各个滑块，以调整其高光、阴影及黑色区域的亮度，优化照片整体的曝光。

04　提高色彩饱和度

　　在上一步调整曝光后，照片整体变亮了，同时也导致色彩的饱和度下降了，因此下面还需要适当进行提高处理。

　　在"基本"选项卡中，向右侧拖动"饱和度"滑块，提高照片整体的色彩饱和度。

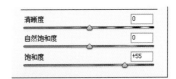

05　添加暗角

　　通过前面的调整，此时画面中的天空部

分已经获得了较好的曝光与色彩，但仍然略显平淡，浅蓝色的范围略多，焦点不够突出，因此下面来为画面整体添加一些暗角，使画面的视觉焦点更突出。

选择"镜头校正"选项卡，并在底部的"镜头晕影"区域中设置参数，以增加照片的暗角。

单击鼠标左键，即可根据当前斑点周围的图像自动进行智能修除处理。其中红色圆圈表示被修除的目标图像，绿色圆圈表示源图像。

按照上述方法，继续在其他虚化斑点处单击，直至得到满意的效果为止。

06 修除斑点

至此，照片的色彩与曝光已经调整完毕，仔细观察其中的细节可以看出，画面存在一些实体的水滴和一些虚化的斑点，二者混合在一起，显得较为混乱，因此下面将修除虚化的斑点，保留视觉效果更好的实体水滴。

选择污点去除工具，并在右侧设置适当的参数。

选择其他任意一个工具后，即可隐藏当前的污点去除标记，以查看整体的效果。

将光标置于要修除的虚化斑点上，并保证当前的画笔大小能够完全覆盖目标斑点。

在处理过程中，可能需要使用不同的画笔大小，此时可以按住Alt键并向左、右拖动鼠标右键，以快速调整画笔大小。

5.5 制作层次丰富细腻的黑白照片

扫描二维码观看本例视频教程

📽 案例概述

黑白照片最大的特点就在于它以清晰的层次感来突出照片的主体和意境。但对于色彩比较复杂的照片来说，往往需要对不同的色彩进行适当的调整，才能最终得到层次感极佳的黑白照片。

💭 调整思路

在本例中，主要是先将照片以基本的技术处理为黑白色，并适当优化其明暗细节，然后再利用中性灰图层，根据照片细节的表现需求，分别对各部分元素进行精细的调整。在调整时，除了要注意色彩的层次外，还要尽量避免高光区域在转换为黑白色后曝光过度的问题。

PS 技术分析

在本例中，主要是使用"黑白"调整图层初步将照片整体处理为黑白色，然后使用"阴影/高光"命令对暗部细节进行优化显示，最后，也是最重要的问题，本例将利用中性灰图层，结合加深工具🔾与减淡工具🔍，对照片中的细节明暗进行细致的优化处理，以得到层次丰富且细腻的黑白照片。

调修步骤

01 初步处理得到黑白效果

打开随书所附光盘中的素材"第 5 章 \5.5-素材 .JPG"。

单击创建新的填充或调整图层按钮 ⊘.，在弹出的菜单中选择"黑白"命令，得到图层"黑白1"，在"属性"面板中选择"默认"预设，将图像处理成为单色。

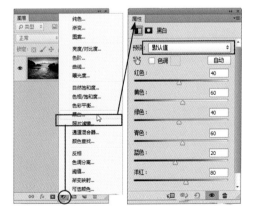

在上面的操作中，是通过选择了所有的预设并进行效果对比后才决定选用"默认"预设。读者在处理照片时，可根据照片的特点及得到的结果选择合适的预设。

02 调整暗部细节

原照片由于存在色彩，因此暗部的曝光问题并不明显，但在将照片处理为黑白色以后，原来的颜色变得相对较暗，此时暗部就会显得更暗，导致照片整体变得曝光不足，且不够通透。下面就来对暗部及亮部进行适当的优化处理。

选择"图层"面板顶部的图层，按快捷键Ctrl + Alt + Shift + E执行"盖印"操作，将当前所有的可见图像合并至新图层中，得到"图层1"。

选择"图像－调整－阴影/高光"命令，在弹出的对话框中设置参数，以调整图像的阴影。

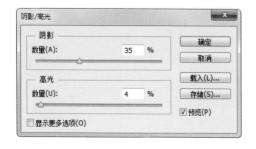

03 优化细节

通过前面的调整，画面已经基本拥有了较好的黑白效果，但还有一些细节需要优化。这里我们使用中性灰图层，结合加深工具◎与减淡工具◐进行处理。

选择"图层－新建－图层"命令，在弹出的对话框中设置参数，单击"确定"按钮退出对话框。

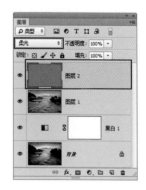

在"新建图层"对话框中，设置模式为"柔光"，目的是使得到的新图层具有所设置的图层属性。选中下面的选项，是指如果在"模式"下拉列表中选择一种适当的模式，则此选项被激活。选择该选项可以以所选模式创建一个填充 50% 灰色（即中性灰）的图层。

　　创建中性灰图层后，画面并没有任何变化，这是因为当前设置的"柔光"混合模式刚好过滤掉所有的中性灰色，其作用在于接下来我们可以在该图层中，通过将中性灰提亮与降暗来影响图像的亮度，从而实现对细节进行优化处理的目的。

　　在本例中，将使用加深工具 与减淡工具 分别进行降暗和提亮处理。用户也可以根据自己的喜好和习惯，使用画笔工具 以更亮或更暗的颜色进行处理，同样能达到相同的目的。

　　选择加深工具 并在其工具选项栏中设置适当的参数。

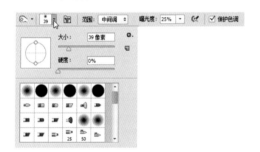

　　使用加深工具 在照片的阴影区域涂抹，以加深图像，直至得到满意的效果。

　　使用加深工具 可以使图像中被操作的区域变暗。按 Alt 键单击"图层 2"左侧的指示图层可见性按钮 ，即可单独显示该图层中的图像，重复操作即可恢复原图像状态。下图所示为单独显示"图层 2"时的状态。

　　选择减淡工具 ，并按照类似前面加深工具 的参数进行设置，然后在阴影附近涂抹，以提亮图像。

　　下图所示为单独显示"图层 2"时的状态。

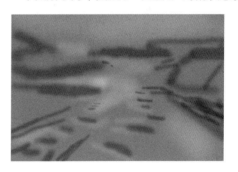

04 优化整体的对比

　　通过前面的处理，已经基本得到较好的黑白色效果，接下来对整体适当地提高对比度，使画面更加通透。

　　单击创建新的填充或调整图层按钮 ，在弹出的菜单中选择"亮度 / 对比度"命令，得到图层"亮度 / 对比度 1"，在"属性"面板中设置其参数，以调整图像的亮度及对比度。

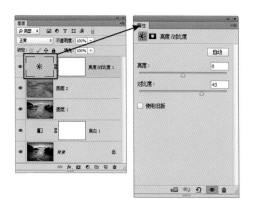

5.6 模拟偏振镜净化色彩并强化立体感

扫描二维码观看本例视频教程

案例概述

在画面不够纯净时，使用偏振镜可以过滤其中的杂光，使画面更加通透，色彩更为纯净。本例就来讲解结合 Adobe Camera Raw 与 Photoshop 进行调整与美化的方法。

调整思路

在本例中，由于原始照片是 RAW 格式，因此首先利用 RAW 的宽容度，对曝光、色彩等基本属性进行适当的调整，然后再转至 Photoshop 中，对照片各部分进行细致的润饰处理。

技术分析

在本例中，首先是在 Adobe Camera Raw 中结合"基本""HSL/灰度""效果"选项卡以及渐变滤镜工具 等，美化画面的基本属性，然后将其转换为 JPG 格式，并在 Photoshop 中结合选区与调整图层，对各部分区域进行单独的校正处理，直至得到满意的照片。

调修步骤

01 设置相机校准

打开随书所附光盘中的素材"第 5 章 \5.6-素材 .NEF"，以启动 Adobe Camera Raw 软件。

本例的照片需要从曝光、色彩及其相关细节进行多方面的调整，因此在调整前，我们先根据照片的类型选择一个合适的相机校准，让后面的调整工作达到事半功倍的效果。本例

的照片存在较多的蓝绿色，经过尝试后，决定
使用 "Camera Neutral" 预设。

在 "相机校准" 选项卡的 "名称" 下拉
列表中，选择 "Camera Neutral" 选项，针对
当前的风景照片进行优化处理，这对后面所
做的其他曝光及色彩调整处理都会有影响。

02   调整基本的曝光

由于当前照片存在明显的曝光和色彩问
题，很难通过一次性的调整得到满意的结果，
因此我们先对照片进行基本的曝光与色彩调
整，以确定大致的调整方向，然后再针对各
部分的问题进行深入调整。下面先来调整照
片整体的曝光。

选择 "基本" 选项卡，然后调整中间部
分的参数，以初步调整照片的曝光。

03   调整基本的色调

在本例中，希望画面存在少量的紫色，
以增加整体的视觉效果，下面来通过调整白
平衡获得这种紫色效果。

在 "基本" 选项卡中，分别调整 "色温"
和 "色调" 数值，以初步确定画面的主色调。

当前调整出的紫色效果还比较假，下面
来继续对其进行优化调整。

在 "HSL/灰度" 选项卡中，分别选择 "色
相" "饱和度" 和 "明亮度" 选项卡，并分别调
整其中的 "蓝色" 参数，以优化照片中的色彩。

04 将画面处理得更通透

观察照片后可以看出，照片整体仍然显得有些发灰，感觉不够通透，下面将利用Adobe Camera Raw 9.1 版本中新增的 Dehaze（去雾霾）功能进行优化处理。

选择"效果"选项卡，并向右拖动Dehaze 滑块，直至得到满意的效果为止。

05 强化色彩饱和度

通过上面的调整，画面整体的视觉效果

已经很好了，但色彩的饱和度还有提升的空间，下面来对其进行强化处理。

在"基本"选项卡中，分别调整"清晰度"和"饱和度"参数，使照片中的色彩更加鲜艳。

06 调整天空

观察照片可以看出，天空发白的区域还是偏多，下面利用渐变滤镜工具🔲进行适当处理。

选择渐变滤镜工具🔲，按住 Shift 键从上向中间处拖动，以确定调整的范围，然后在右侧设置适当的参数，直至让天空显示出更多的细节、色彩也更浓郁为止。

要注意的是，由于顶部的天空已经有较高的色彩浓郁度，因此不宜将饱和度调得过高，否则可能会产生色彩淤积的问题，影响整体的美观性。

07 将照片转换为JPG格式

前面的处理主要是为了充分利用 RAW 格式照片的宽容度，对其整体的曝光及色彩进行优化处理。到此为止，照片仍然存在一定的不足，例如远处的大山以及近处的木桥都需要深入处理，但在 Adobe Camera Raw 软件中，由于无法做精确的选择，不能满足我们的处理需求，因此下面要将照片转换为 JPG 格式，然后在 Photoshop 中进行选择和深入的处理工作。

单击 Camera Raw 软件左下角的"存储图像"按钮，在弹出的对话框中适当设置输出参数。

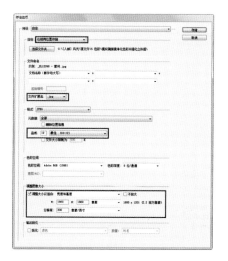

本例将导出的尺寸限制为 1800 像素 × 1800 像素，也就是说，导出的照片最大宽度或最大高度不会大于 1800 像素，而不是指导出为 1800 像素 ×1800 像素尺寸的照片，导出的照片与原照片等比例。以当前的照片为例，最终导出的尺寸为 1800 像素 ×1201 像素。

设置完成后，单击"存储"按钮即可在当前 RAW 格式照片相同的文件夹下生成一个同名的 JPG 格式照片。

提示： 如果导出的JPG格式照片有重名，软件会自动进行重命名，不会覆盖同名的文件。

08 润饰远处大山的色彩

如上一步所述，我们需要对远处的大山及木桥进行处理。下面将结合选区和调整图层功能，先对大山进行调整。

在 Photoshop 中打开上一步导出的 JPG 格式照片，选择磁性套索工具 ，并在其工具选项栏上设置适当的参数。

使用磁性套索工具 沿着远处大山的边缘绘制选区，以大致将其选中。

单击创建新的填充或调整图层按钮 ，在弹出的菜单中选择"曲线"命令，得到图层"曲线 1"，在"属性"面板中设置其参数，以调整大山的色彩。

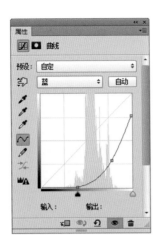

在上面关于大山颜色的调整，虽然讲解顺序是"创建调整图层－设置混合模式"这样简单的两步，但实际上，笔者在处理的阶段是经过了很多尝试的，且其中有很大的偶然性。按照笔者原来的思路，首先是要适当调整大山的对比度，在调整了一定参数后，将"曲线 1"的混合模式设置为"叠加"，这是由笔者的实际处理经验决定的。简单来说，设置"叠加"混合模式后，可以进一步提高大山的对比度，而且色彩饱和度也会有所提高。从实际结果来看，效果不太好，因为混合的结果对比度太强，因此笔者降低了"曲线 1"的不透明度，虽然还是没有达到预期的效果，但仅从调整对比度的效果上看，还是比较好的。

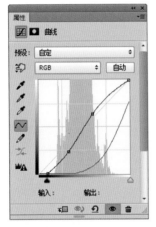

设置"曲线 1"的混合模式为"叠加"，不透明度为 38%，从而混合得到我们需要的色彩。

于是笔者在此基础上，又根据既定的想法（适当增加一定的黄色，与蓝色融合，形

成青绿色效果），对"蓝"通道进行了调整，
最终得到了满意的结果。

通过上面的分析可以看出，本步前面所
做的调整有一定的偶然性，而且在很大程度
上是结合自身的经验及技术，才调整得到需
要的效果。

当然，仅从本步处理的效果来说，也
可以尝试使用其他技术进行调整，例如
"色彩平衡"或"色阶"等，读者可以尝试
操作。

09 润饰近景的木桥

观察照片可以看出，近景的木桥相对画
面其他景物，无论是曝光还是色彩都存在较
明显的不足，下面来对其进行调整。其中思
路与上一步调整大山是基本相同的，故下面
仅简述其操作步骤。

使用快速选择工具在木桥上进行涂
抹，直至大致将其选中。

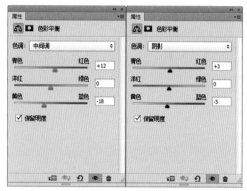

单击创建新的填充或调整图层按钮，
在弹出的菜单中选择"色彩平衡"命令，得
到图层"色彩平衡 1"，在"属性"面板分别
选择"高光""中间调"和"阴影"选项并设
置参数，以调整木桥的色彩。

调整好色彩后，木桥的曝光显得与周围
不太协调，下面就来解决此问题。

按 Ctrl 键单击"色彩平衡 1"的图层蒙
版以载入其选区，单击创建新的填充或调
整图层按钮，在弹出的菜单中选择"曲

Part 03
旅行风光照片处理专题

<table>
<tr><td rowspan="2">第6章</td><td>日出与日落处理</td></tr>
</table>

第**6**章 | 日出与日落处理

6.1 冷暖对比色调的日出景象

扫描二维码观看本例视频教程

案例概述

日出时分是拍摄风光照片最佳的时机之一，在太阳刚刚升起时，其周围会呈现较强烈的暖调效果，而周围的天空则呈现冷调效果，通过恰当的拍摄设置，可以得到非常漂亮的冷暖对比效果。但在实际拍摄时，往往由于白平衡等方面的设置问题，导致无法得到满意的效果，此时可以以 RAW 格式拍摄，然后利用其宽容度进行恰当的调整，从而得到需要的效果。

调整思路

在本例中，由于原照片的曝光不存在非常严重的问题，因此可以先根据对照片结果的设想，确定其基本色调，然后再利用 RAW 格式的照片特有的宽容度，对其曝光及色彩进行适当的调整。

技术分析

在本例中，是以 Adobe Camera Raw 软件"基本"选项卡中的参数为主，通过分别对白平衡、曝光及色彩进行处理，得到很好的色彩对比效果。

调修步骤

01 初步确定整体色调

//

打开随书所附光盘中的素材"第 6 章 \6.1-素材 .CR2"，以启动 Adobe Camera Raw 软件。

由于本例的原始照片并不存在很大的曝光问题，因此根据我们要调整的冷暖色调效果，先调整照片的白平衡，以确定其基本色调。

选择"基本"选项卡，向右拖动"色温"与"色调"滑块，以改变画面的基本色调。

02　调整整体的曝光

在初步确定照片的色调后，下面来对照片整体的曝光进行调整。

向右侧拖动"对比度"滑块，以增强画面的对比度。

03　调整照片的色彩

在初步调整好照片的曝光后，下面来对

整体的色彩进行润饰。由于目前还不能完全确定要调整的曝光，因此只能先大致进行曝光调整，然后再进行适当的色彩调整。这个过程可能需要反复对曝光和色彩进行调整和优化，直至得到满意的效果为止。

分别向右侧拖动"自然饱和度"和"饱和度"滑块，以强化照片的色彩饱和度。

04　进一步调整曝光

在调整了整体的色彩后，照片中的明暗区域还有进一步调整曝光的必要，下面来讲解具体的处理方法。

调整"高光""阴影"及"白色"参数，以进一步优化照片中各部分的明暗与细节，直至得到满意的效果为止。

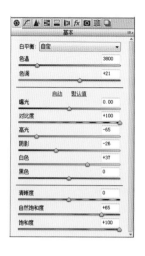

6.2 唯美紫色调日出效果

扫描二维码观看本例视频教程

📷 案例概述

唯美的紫色调画面是很多摄影爱好者都喜爱的一种效果,但在拍摄阶段,由于白平衡无法直接预览,只能在拍摄完才能看到效果,因此很难拍摄出恰当的效果。相对来说,通过后期处理的方式制作这种紫色调效果更加直接、有效。本例就来讲解其调整方法。

💭 调整思路

在本例中,画面的紫色调效果不够明显,且整体较为昏暗,因此可以先初步对整体的色彩与曝光进行一定的润饰,然后再分别针对天空与水面等部分进行处理即可。

PS 技术分析

在本例中,首先是使用"自然饱和度"调整图层,初步美化整体的色彩,然后结合"曲线"调整图层及图层蒙版等功能,对水面及天空高光的色彩进行局部美化,最后再结合"亮度/对比度"及"阴影/高光"等功能,对细节进行优化即可。

调修步骤 —————●

01 初步提高照片整体饱和度

打开随书所附光盘中的素材"第 6 章 \6.2-素材 .JPG"。

对当前照片来说，画面存在很严重的色彩灰暗的问题，因此在进行其他处理前，首先来提高照片整体的饱和度。

单击创建新的填充或调整图层按钮 ◐. ，在弹出的菜单中选择"自然饱和度"命令，得到图层"自然饱和度 1"，在"属性"面板中设置其参数，以调整照片整体的饱和度。

02 调整水面的色彩

经过上一步的初步调整后，水面与天空形成了较明显的差异，具体来说就是水面亮度和饱和度均低于天空，尤其是饱和度，使

画面不够协调，下面就来解决此问题。

单击创建新的填充或调整图层按钮 ◐. ，在弹出的菜单中选择"曲线"命令，得到图层"曲线 1"，在"属性"面板中分别选择"绿"和"RGB"通道并设置参数，以调整照片的颜色及亮度。

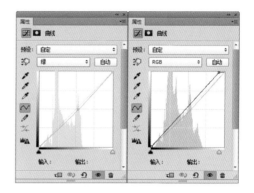

上面所做的调整是针对照片整体的，因此下面需要利用图层蒙版限制"曲线 1"的调整范围，使之仅针对水面部分进行调整。

选择"曲线 1"的图层蒙版，选择渐变工具 ▣. 并在其工具选项栏上设置适当的参数。

使用渐变工具 ▣. 按住 Shift 键在照片中下方处，从上至下绘制黑白渐变，以隐藏对上半部分的调整，保留对下半部分的调整。

按住 Alt 键单击"曲线 1"的图层蒙版，可以查看其中的状态。

03 修复天空的死白

观察照片可以看出，天空的高光区域存在较明显的死白，这会在很大程度上影响照片的质量。通常来说，JPG 格式图像的宽容度较低，因此很难修复死白的问题，且死白的面积越大，越难以处理。但本例的死白面积相对较小，而且是呈渐变状，因此即使是 JPG 格式的照片，也可以尝试在一定程度上对死白进行修复处理。在实际处理时，首先我们要得到死白区域的选区，在本例中，是通过编辑通道得到该选区的，下面来讲解其具体方法。

在"通道"面板中，分别单击"红""绿"和"蓝" 3 个颜色通道，以观察天空的高光部分，我们要选取其中高光与其他区域的对比较好的一个。在本例中，将使用"绿"通道作为操作目标。

复制"绿"通道得到"绿 拷贝"，按快捷键 Ctrl+L 应用"色阶"命令，在弹出的对话框中设置适当的参数，以增加照片的对比，并保留我们需要的天空的高光部分。

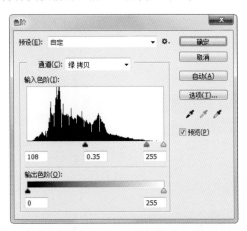

按 Ctrl 键单击"绿 拷贝"的缩略图以载入其选区，在"图层"面板中单击创建新的填充或调整图层按钮 ⊙.，在弹出的菜单中选择"曲线"命令，得到图层"曲线 2"，在"属性"面板中分别选择"红"和"RGB"通道并

设置参数，以修复天空的死白问题。

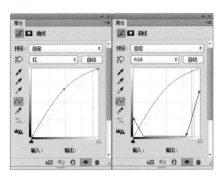

通过上面的调整后，照片的色彩饱和度及对比度都有了大幅提高，但暗部显得有些过暗，因此下面来稍作校正处理。

选择"图层"面板顶部的图层，按快捷键 Ctrl + Alt + Shift + E 执行"盖印"操作，将当前所有的可见图像合并至新图层中，得到"图层 1"。

选择"图像 – 调整 – 阴影 / 高光"命令，在弹出的对话框中设置参数，以调整图像的阴影及高光，直至得到满意的效果。

04 提高画面的色彩与对比

至此，我们已经修复了照片中的主要问题，并初步调整了画面的色彩，但整体仍然存在对比度不足、色彩较为灰暗的问题。下面来针对此问题进行润饰处理。

单击创建新的填充或调整图层按钮 ，在弹出的菜单中选择"亮度 / 对比度"命令，得到图层"亮度 / 对比度 1"，在"属性"面板中设置其参数，以调整照片的亮度及对比。

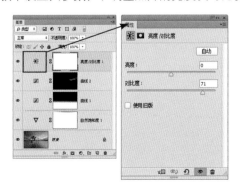

6.3 明镜空灵的夕阳水面

扫描二维码观看本例视频教程

案例概述

对于重点表现景物及其水面全影的照片来说，最重要的就是要表现出画面整体的通透感，以及水面倒影的清澈感。对于本例的照片素材来说，由于拍摄时间较晚，照片存在严重的曝光不足问题，因此还需要对曝光及其色彩进行优化处理。

调整思路

如前所述，本例的照片素材存在严重的曝光不足问题，因此首先要对整体的曝光及色彩进行初步的处理，然后再对冷调的天空以及暖调的云彩进行分色处理，以突出二者的对比。同时，还应该通过添加光源、提高立体感等方式，让画面的明暗对比更加均衡。要注意的是，由于本例的照片需要做较大幅度的提亮处理，因此不可避免的会产生噪点，处理时要注意进行降噪。

技术分析

在本例中，首先是结合"相机校准"及"基本"及"效果"选项卡中的参数，对照片的曝光及色彩等基本属性进行润饰，其中包括了使用了 Camera Raw 9.1 版本中新增的 Dehaze（去雾霾）功能，使画面变得更加通透。然后再结合渐变滤镜工具以及径向渐变工具，为照片添加太阳光，使画面的明暗更加均衡。最后，还将照片转换为 JPG 格式，然后在 Photoshop 中对其进行降噪以及色彩方面的细节处理。

调修步骤

01 设置相机校准

打开随书所附光盘中的素材"第6章\6.3-素材.CR2"，以启动 Adobe Camera Raw 软件。

本例的照片需要从曝光、色彩及其相关细节进行多方面的调整，因此在调整前，我们先根据照片的类型选择一个合适的相机校准，让后面的调整工作达到事半功倍的效果。

在"相机校准"选项卡的"名称"下拉列表中，选择"Camera Landscape"选项，以针对当前的风景照片进行优化处理，这对后面所做的其他曝光及色彩调整处理都会有影响。

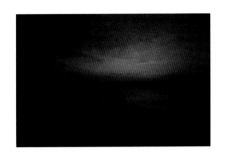

02 调整基本的曝光与色彩属性

由于当前照片存在较严重的曝光和色彩问题，很难通过一次性的调整得到满意的结果，因此我们先对照片进行基本的曝光与色彩调整，以确定大致的调整方向，然后再针对各部分的问题进行深入调整，这也是在调整大型的或较复杂的照片时常用的一种处理方式。

在"基本"选项卡中，分别拖动中间区域的各个滑块，以调整照片的曝光、对比度等属性。

对于现有的结果来说，在曝光方面仍有较多的问题，例如缺少高光、暗调过多，导致画面显得非常灰暗，但其中间调已经基本调整到位，如果继续提亮，会损失一定的细节，因此这里就以调整好中间调为准，然后在此基础上继续进行美化处理。

除了上述对曝光的基本处理外，接下来还要对照片细节的立体感进行提升。

在"基本"选项卡中，向右侧拖动"清晰度"滑块，以提高细节，尤其是云彩部分的立体感，此时的立体效果会更加明显。

下面再来调整照片整体的色彩，使其整体趋向于暖调效果。但要注意的是，这并不是我们最终需要的效果。为了让照片更富于对比和变化，我们会在后面将天空的局部区域调整为蓝色，但整体仍然是以暖调为主，因此这里的调整主要是确定照片整体的色彩方向。

在"基本"选项卡中，分别调整上方的"色温"与"色调"滑块，直至得到较好的暖调色彩效果。

03 将画面处理得更通透

在原照片中，画面显得较为朦胧，看着像有雾气一样。下面就来对其进行处理，使画面显得更加通透。

选择"效果"选项卡并向右拖动 Dehaze 滑块，直至得到满意的效果。

Dehaze 可译为"去雾霾"，是 Adobe Camera Raw 9.1 版本新增的一项功能，它在抽取、提升被笼罩画面细节方面的作用非常强大，可以轻易地将当前照片调出极佳的通透感。

04 恢复天空中的蓝色

在前面处理时就已经提到过，本例最终是希望云彩与空白的天空处有一定的对比，最为常见的就是暖调的云彩与冷调天空之间

的对比了。通过前面的处理，云彩已经基本调整为暖调效果，因此下面将利用渐变滤镜将天空的空白处调整为冷调效果。

选择渐变滤镜工具，按住 Shift 键从上向中间地平线处拖动，以确定调整的范围，然后在右侧设置适当的参数，直至让没有云彩的天空变为蓝色。

在本例的照片中，水面上具有较为明显的天空倒影，因此在将上方天空调整为冷调效果后，下方水面倒影中对应的区域也应该进行相应的调整。当然，由于水面倒影相对较暗，因此不用追求天上方天空的色彩完全一致，只要在色调上调整出基本统一的效果即可。

按照上述方法，再在下方的水面倒影中从下向上创建一个渐变滤镜，并适当设置其参数即可。

继续选择"饱和度"子选项卡，分别对照片中的暖调及冷调的色彩进行提高饱和度的处理，让照片的色彩变得更加鲜艳。

05 调整细节色彩

至此，照片的色彩方向、各部分的色彩效果都已经基本确定，但在细节上还有待进一步的调整，下面就来分别进行处理。

选择"HSL/灰度"选项卡中的"色相"子选项卡，并向左侧拖动"蓝色"滑块，让照片中冷调的天空变得更为纯粹。

此处提高饱和度的处理，如果希望简单、快速的调整，也可以在"基本"选项卡中调整"自然饱和度"和"饱和度"参数，但这样是对整体进行调整的，可能会出现部分颜色过度饱和的问题，而本步所使用的方法，是分别针对不同的色彩进行提高饱和度处理，因此更能够精确拿捏调整的尺度。读者在实际处理时，可根据情况需要选择恰当的方法。

对于当前的调整结果，在色彩及饱和度方面已经基本调整到位，但仍然存在色彩亮度不足的问题，下面就来对其进行处理。

选择 HSL/ 灰度"选项卡中的"明亮度"子选项卡，并分别拖动各个滑块，以分别调整照片中暖调与冷调色彩的亮度，直至得到满意的效果。

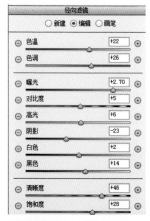

通过上一步的处理后，照片中已经拥有了一个模拟太阳余辉的明亮高光，但就整体来说，这个高光显得有些突兀。从常理上来说，如此明亮的光照下，其周围却非常昏暗，尤其是地平线附近的位置，应该会受到光线的影响变得更加明亮一些，下面就来解决此问题。

按照上面的方法，绘制一个覆盖地平线附近的径向滤镜，并设置适当的参数，以提高地平线附近的亮度，使照片变得更加真实。

06 增加局部高光

在本例的第 1 步中就得到过，照片中缺少一个高光部分，这也直接导致了照片整体显得较为昏暗，视觉效果不佳。下面就来充分利用 RAW 格式照片的宽容度，手动制作高光，也就是模拟太阳即将落山且被云彩挡住的明亮效果。

选择径向滤镜工具 [O]，以地平线中间偏上位置为中心，绘制一个径向滤镜，并在右侧设置其参数，使该区域变得明亮起来。

07 将照片转换为JPG格式

通过前面的操作，照片已经基本处理完成，但在细节、颜色等方面仍有一些不足，因此下面来将照片输出为 JPG 格式，然后在 Photoshop 中进行修饰处理。

单击 Camera Raw 软件左下角的"存储图像"按钮，在弹出的对话框中设置适当的输出参数。

本例是将导出的尺寸限制为 2000 像素 × 2000 像素，也就是说，导出的照片最大宽度或最大高度不会大于 2000 像素，而不是指导出为 2000 像素 ×2000 像素尺寸的照片。导出的照片将与原照片等比例。

设置完成后，单击"存储"按钮即可在当前 RAW 格式照片相同的文件夹下生成一个同名的 JPG 格式照片。

提示：如果导出的JPG格式照片有重名，软件会自动进行重命名，不会覆盖同名的文件。

08 润饰色彩

在 Photoshop 中打开上一步导出的 JPG 格式照片，单击创建新的填充或调整图层按钮 ，在弹出的菜单中选择"可选颜色"命令，得到图层"选取颜色 1"，在"属性"面板中设置其参数，从而对照片中的冷、暖色彩分别进行一定的润饰处理。

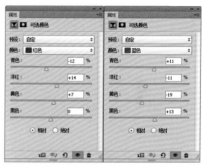

09 强化太阳光处的色彩

下面将通过绘图并设置混合模式的方法，为阳光周围增加更多黄色，使其暖调效果更加强烈。

新建得到"图层 1"，设置前景色的颜色值为 ffb503，选择画笔工具 并在其工具选项栏上设置适当的画笔大小等参数，然后在太阳周围处进行涂抹。

设置"图层 1"的混合模式为"叠加"，不透明度为 67%，使上面涂抹的图像与照片融合在一起，从而增强其暖调效果。

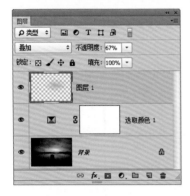

下面来利用图层蒙版功能，将中间部分的主体图像重新显示出来。

单击添加图层蒙版按钮 为"图层 2"添加图层蒙版，设置前景色为黑色，选择画笔工具 并设置适当的画笔大小及不透明度，在中间的主体图像区域涂抹以将其隐藏即可。

10 消除噪点

在本例中，由于原始照片较为昏暗，因此在进行大幅度的提亮处理后，照片中不可避免地显露出了一些噪点。本例的照片主要用于网络展示，因此在缩小至最大宽度为2000 像素以内时，只有少量较明显的噪点会显示出来，因此下面只针对这部分噪点进行处理。

选择"图层"面板顶部的图层，按快捷键Ctrl + Alt + Shift + E 执行"盖印"操作，从而将当前所有的可见图像合并至新图层中，得到"图层 2"。

选择"滤镜 – 模糊 – 表面模糊"命令，在弹出的对话框中设置参数，直至将外部噪点较明显的区域模糊掉为止。

按住 Alt 键单击"图层 2"的图层蒙版，可查看其中的状态。

6.4 壮观的火烧云

扫描二维码观看本例视频教程

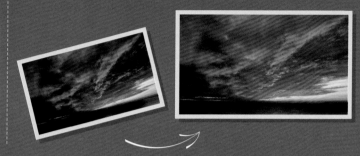

案例概述

红艳似火的火烧云是每个摄影师都渴望拍摄到的最美景色之一，但由于时间、环境等多方面的限制，往往很难遇到各方面因素都完美的情况。本例就来讲解如何对严重偏色且曝光不均匀的照片，进行一系列校正处理，形成壮观火烧云的效果。

调整思路

本例的问题主要分为色彩和曝光两部分，其中色彩是以偏色问题为主，以常规思路进行校正处理即可；曝光方面是由于云彩的遮挡，导致海面的光照不均匀，在处理时，是以将亮部压暗为基本思路。

PS 技术分析

在本例中，主要是使用"色阶"命令中的灰色吸管校正照片的偏色问题，然后再使用"曲线"命令，对不同的通道进行色彩及亮度调整，最后，本例还针对提亮照片后产生的噪点进行了细致的优化处理。

调修步骤

01 校正偏色

　　打开随书所附光盘中的素材"第6章\6.4-素材.JPG"。

　　如前所述，本例的照片存在较严重的偏色问题，下面将利用"色阶"调整图层对其进行初步的校正处理。

　　单击创建新的填充或调整图层按钮，在弹出的菜单中选择"色阶"命令，创建得到"色阶1"调整图层，然后在"属性"面板中选择灰色吸管。

　　在照片右上方的位置单击，以改变照片的颜色。要得到满意的效果往往要多尝试几次。

保持在"色阶"命令的"属性"面板中，向左侧拖动灰色滑块，以提高照片的亮度。

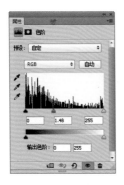

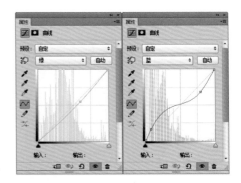

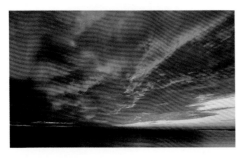

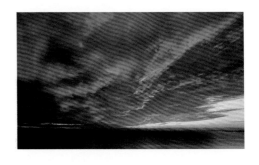

02 细调照片色彩

通过上一步的调整，已经初步校正好照片的色彩，但还有进一步改善的空间，下面就来进行处理。

单击创建新的填充或调整图层按钮 ，在弹出的菜单中选择"曲线"命令，创建得到"曲线 1"调整图层，然后在"属性"面板中设置参数，以改善照片的色彩。

03 调整局部曝光

观察照片右下角的水面色彩可以看出，这里与其他区域不同，下面就来解决这个问题。在调整过程中，应注意观察右下角的色彩与调整前的其他图像相匹配。

单击创建新的填充或调整图层按钮 ，在弹出的菜单中选择"曲线"命令，创建得到"曲线 2"调整图层，然后在"属性"面板中设置参数。

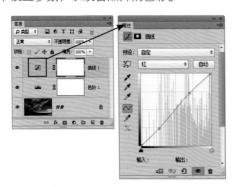

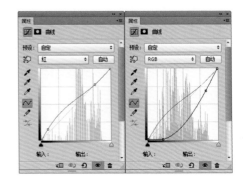

选中"曲线 2"的图层蒙版，按快捷键 Ctrl+I 执行"反相"操作，将其中的白色转换为黑色。设置前景色为白色，选择画笔工具并在照片右下角处进行涂抹，直至右下角区域与其他区域相匹配为止。

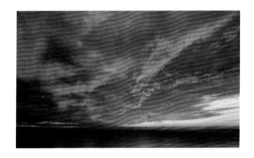

此时按住 Alt 键单击图层蒙版的缩略图，可以查看其中的状态。

此时的右下角仍然有一些与其他区域不匹配，下面再来进一步优化。

新建一个图层得到"图层 2"，设置此图层的混合模式为"柔光"，设置前景色为黑色，选择画笔工具并设置适当的画笔大小及较低的不透明度，在右下角处进行涂抹，直至得到满意的效果。

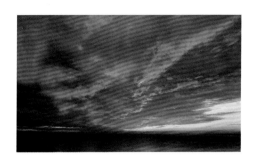

04 消除噪点

由于对照片进行了大幅的提亮处理，因此放大照片时，会显示出较多的噪点，下面就来解决这个问题。

按快捷键 Ctrl+Alt+shift+E 将所有的图像合并至新图层中，得到"图层 2"。

选择"滤镜 - 杂色 - 减少杂色"命令，在弹出的对话框中选中"整体"标签并进行参数设置。

只对整体降噪处理后的结果并不是很理想，因此下面分别对各参数再进行降噪，以进一步消除照片中的噪点。

选择"每通道"标签，在其中分别选择噪点较多的"红"和"绿"进行调整。

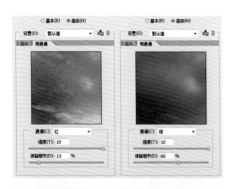

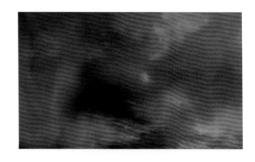

下图所示是此时的"图层"面板。

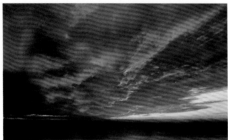

下图所示是调整前后的局部对比效果。

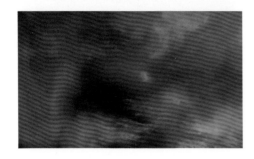

本章所用到的素材及效果文件位于随书所附光盘"\第6章"文件夹内，其文件名与节号对应。

第 **7** 章 | 建筑与人文古镇处理

7.1 将灰暗建筑照片处理得色彩明艳

扫描二维码观看本例视频教程

案例概述

在晴天拍摄户外建筑时，常常会受到环境、相机设置等因素，导致拍摄出的照片显得色彩灰暗。尤其在建筑与环境的色彩差异较大时，更是难以准确设置白平衡，获得恰当的色彩。

调整思路

对建筑类照片来说，首先应注意建筑是否存在透视问题，若存在，应先校正再处理其他。本例在调整思路上较为简单，因为照片以蓝天为背景，建筑为主体，彩旗元素作为装饰，在初步调整好照片的曝光后，再有针对性的将天空、建筑及彩旗的色彩进行分别调整，使之得到足够的强化，突出天空与建筑之间的对比，以增强画面的视觉冲击力。

PS 技术分析

在本例中，首先使用"阴影 / 高光"命令优化暗部的细节，再结合"亮度 / 对比度""自然饱和度""选取颜色"等调整图层，对照片中各部分的色彩进行优化。

调修步骤

01 调整暗部细节与整体对比

打开随书所附光盘中的素材"第 7 章 \7.1-素材 .JPG"。

当前照片存在明显的曝光不足问题，但仔细观察可以看出，其高光和中间调的曝光是基本完好的（只是色彩有些灰暗），因此下面先对暗部进行一定的优化处理。

选择"图像 – 调整 – 阴影 / 高光"命令，在弹出的对话框中设置参数，以显示出更多的暗部细节。

提亮暗部后，照片整体显得有些对比度不足，下面来解决此问题。

单击创建新的填充或调整图层按钮 ●.，在弹出的菜单中选择"亮度 / 对比度"命令，得到图层"亮度 / 对比度1"，在"属性"面板中设置其参数，以调整图像的亮度及对比度。

03　细调照片色彩

通过上一步的调整，照片色彩已经初步得到较大幅的提升，但由于其中包含的色彩较多，各色彩的属性还有调整不到位的问题，下面来分别进行调整。

单击创建新的填充或调整图层按钮 ●.，在弹出的菜单中选择"可选颜色"命令，得到图层"选取颜色1"，在"属性"面板中设置其参数，以调整照片中各部分的颜色。

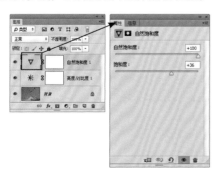

02　改善照片色彩

如前所述，本例照片存在最大的问题就是色彩，下面先从整体上提高照片色彩的饱和度。

单击创建新的填充或调整图层按钮 ●.，在弹出的菜单中选择"自然饱和度"命令，得到图层"自然饱和度1"，在"属性"面板中设置其参数，以调整照片整体的饱和度。

上面的调整主要是对各颜色进行增减的综合性处理，但从整体上来看，其中的饱和度略高。这里虽然可以通过继续编辑"选取颜色 1"调整图层达到降低饱和度的目的，但操作起来相对繁琐，因此下面将使用调整饱和度更简单的"色相 / 饱和度"调整图层进行处理。

单击创建新的填充或调整图层按钮 ⊙.，在弹出的菜单中选择"色相 / 饱和度"命令，得到图层"色相 / 饱和度 1"，在"属性"面板中设置其参数，以降低照片中部分色彩的饱和度。

04 修除斑点

对于本例的照片，由于相机感光元件染进了一些灰尘，因此照片上显示了一些较暗的斑点，下面来将其修除。

新建得到"图层 1"，选择污点修复画笔工具 ✐ 并在其工具选项栏上设置参数。

使用污点修复画笔工具 ✐ 在污点上单击或涂抹，直至将斑点全部修除为止。

05 降噪

本例的照片在拍摄时使用的感光度为较低的 ISO 250，而且晴天拍摄的照片通常不会产生噪点，但由于曝光量较低，且后期处理时做了较大幅的提亮和提高色彩饱和度的调整，因此画面显现出了较多的噪点，下面来对其进行适当的修复处理。

选择"滤镜－杂色－减少杂色"命令，在弹出的对话框中设置参数，以消减照片中的噪点。

下图所示为降噪前后的局部效果对比。

7.2 通过合成得到细节丰富、色彩绚丽的唯美水镇

扫描二维码观看本例视频教程

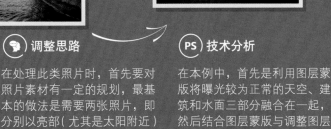

案例概述

日出前后是拍摄风光照片最佳的时机，由于光照不均匀，环境中的光比很大，此时以太阳附近为准进行曝光，其他区域可能会出现严重曝光不足的问题；反之，以暗部为准进行曝光，则太阳附近可能会出现严重的曝光过度问题。此时可以尝试以不同的曝光拍摄多张照片，分别以太阳和悬崖作为曝光依据，然后通过后期处理将它们融合在一起，形成完美的照片。

调整思路

在处理此类照片时，首先要对照片素材有一定的规划，最基本的做法是需要两张照片，即分别以亮部（尤其是太阳附近）和暗部为依据进行曝光的照片。在本例中，是采用了两幅照片，在 Photoshop 中将二者拼合起来，并分别针对各部分进行适当美化即可。

PS 技术分析

在本例中，首先是利用图层蒙版将曝光较为正常的天空、建筑和水面三部分融合在一起，然后结合图层蒙版与调整图层功能，分别对各部分进行曝光与色彩的美化处理，最后，还使用了"阴影/高光"命令，对暗部细节进行了适当的优化处理。

01 合成曝光恰当的部分

打开随书所附光盘中的素材"第7章\7.2-素材1.JPG"。

打开随书所附光盘中的素材"第7章\7.2-素材2.JPG"。并使用移动工具 将其拖至"素材1"中，得到"图层1"。

本例是以"背景"图层中的照片为基础，然后将"图层1"中曝光正常的建筑合成进来，从而形成一幅各部分均曝光正常的照片。下面来讲解其具体操作方法。

首先，我们需要将建筑选中。在本例中，"图层1"里曝光正常的建筑较为复杂，不太容易选中，但其轮廓与"背景"图层中的建筑相同，而"背景"图层中的建筑由于较暗，与周围的对比强烈，更容易选中，因此下面将依据"背景"图层中的建筑图像，创建对应的选区。

隐藏"图层1"并选择"背景"图层。选择快速选择工具 ，并设置适当的画笔大小，然后在建筑区域进行涂抹，直至将其大致选中。

显示并选择"图层1"，单击添加图层蒙版按钮 以当前选区为其添加蒙版，从而隐藏选区以外的图像。

02 修复蒙版边缘

通过上一步的操作，我们已经基本将两幅照片合成一起，但由于建筑边缘与其他区域并不是棱角分明的，它们之间存在一定的过渡，而通过上一步的处理，边缘仍然显得较为生硬，下面就来解决此问题。

选择"图层1"的图层蒙版，设置前景色为黑色，选择画笔工具 并在其工具选项栏上设置适当的参数。

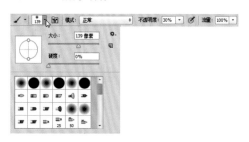

使用画笔工具 在建筑的边缘进行涂抹，以柔化边缘，使其过渡得更加自然。

按住 Alt 键单击"图层1"的图层蒙版，可以查看其中的状态。

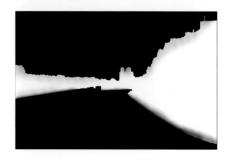

03　调整水面

"背景"图层中的水面较为暗淡，"图层 1"中的水面曝光较好，但显得过于杂乱，因此在权衡利弊之后，这里仍以"背景"图层中的水面作为最终要展示的部分，但下面需要对其曝光做适当的调整。

使用多边形套索工具 沿着水面边缘绘制选区，以将水面大致选中。

单击创建新的填充或调整图层按钮 ，在弹出的菜单中选择"曲线"命令，得到图层"曲线 2"，在"属性"面板中设置其参数，以调整水面的颜色及亮度。

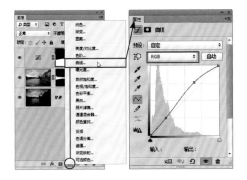

04　调整天空

在初步完成建筑和水面的处理后，可以看出，天空的颜色和曝光显得有些不协调，下面就来解决这个问题。

对于天空的调整，其基本思路和方法与前面调整水面是基本相同的，即先创建天空的选区，然后利用调整图层对天空进行处理即可，故此处不再详细讲解。

下图所示为创建"曲线 2"调整图层并结合图层蒙版调整天空曝光时的相关参数设置及调整结果。

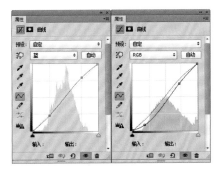

按住 Alt 键单击"曲线 2"的图层蒙版，可以查看其中的状态。

05 调整暗部细节

观察照片整体可以看出，画面还存在一些较暗的区域，尤其是四周的位置，下面来对它们进行适当的校正，使整体的明暗更加均匀。

选择"图层"面板顶部的图层，按快捷键 Ctrl + Alt + Shift + E 执行"盖印"操作，将当前所有的可见图像合并至新图层中，得到"图层 2"。

选择"图像 – 调整 – 阴影 / 高光"命令，在弹出的对话框中设置参数，以显示更多的暗部细节。

7.3 使水面倒影的大厦构图更完美、均衡

扫描二维码观看本例视频教程

案例概述

要拍摄完美的建筑倒影，除了基本的曝光及色彩方面的要求外，对环境、水面是否纯净、是否有水波等也有很高的要求。本例就来讲解通过人工合成的方式，制作出一幅构图完美、均衡的建筑倒影作品。

调整思路

由于拍摄环境的光线较为复杂，因此在前期拍摄了 3 幅照片，以期在后期时将其处理为 HDR 效果，从而获得更佳的主体曝光及色彩，然后再利用调整好的主体，模拟水面倒影效果即可。

技术分析

在本例中，首先是利用 Adobe Camera Raw 对照片进行 HDR 合成及简单的色彩润饰处理，然后再转至 Photoshop 中，替换新的天空，并进行润饰及倒影处理即可。

调修步骤

01 合成HDR效果

在 Photoshop 中按 Ctrl+O 键，在弹出的对话框中打开随书所附光盘中的素材"第7章 \7.3- 素材 1.JPG"文件夹中的照片，此时将在 Adobe Camera Raw 中打开这 3 幅素材。

按照本书 4.7 节的方法，将这 3 幅照片合并为 HDR，由于操作方法基本相同，故不再详细讲解。下图所示是合并完成时的参数及效果，其中的参数是合成 HDR 完毕后自动生成的。

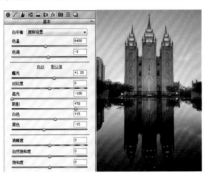

02 润饰HDR的色彩及曝光

通过将照片合并为 HDR 效果，画面的各部分细节得到了更充分的展示，但也并不是完全没有问题。在本例中，作为一幅夕阳时分的照片，整体曝光显得偏亮，而且色彩效果也不够好，下面就来对其进行整体的润饰。

在"基本"选项卡中，分别在中间和底部区域拖动各个滑块，以调整照片的曝光与清晰度，使其更符合夕阳时的感觉。

此时，画面的色彩还是较为平淡，下面来适当调整一下白平衡，以确定画面整体的色彩基调。

在"基本"选项卡中分别拖动"色温"和"色调"滑块，以改变画面的色彩。

03 让整体更加通透

观察照片整体可以看出，虽然已经初步完成了各部分的调色处理，但仍然显得有些灰暗，整体感觉不够通透，下面将利用 Adobe Camera Raw 9.1 版本中新增的 Dehaze（去雾霾）功能进行优化处理。

选择"效果"选项卡，并向右拖动 Dehaze 滑块，直至得到满意的效果为止。

04 将照片转换为JPG格式

本例的主要工作是为照片更换新的天空，并制作背景，这些都是要在 Photoshop 中才可以顺利完成的工作，因此在前面利用 RAW

格式的宽容度，适当调整其基本属性后，下面要将其转换为 JPG 格式，然后在 Photoshop 中做进一步的处理工作。

单击 Camera Raw 软件左下角的"存储图像"按钮，在弹出的对话框中设置适当的输出参数。

设置完成后，单击"存储"按钮即可在当前 RAW 格式照片相同的文件夹下生成一个同名的 JPG 格式照片。

05 为天空合成云彩

在 Photoshop 中打开上一步导出的 JPG 格式照片，再打开随书所附光盘中的素材"第 7 章 \7.3- 素材 2.JPG"。使用移动工具 将其拖至之前导出的 JPG 照片中，得到"图层 1"。

按快捷键 Ctrl+T 调出自由变换控制框，并按住 Shift 键调整其大小及位置。得到满意的效果后，按 Enter 键确认变换即可。

要将天空合成至建筑照片中，首先要将天空部分选中，下面来讲解其操作方法。

隐藏"图层 1"，选择"背景"图层，使用快速选择工具 在天空区域拖动，以将其选中。

显示并选择"图层 1"，单击添加图层蒙版按钮 ，以当前选区为当前图层添加蒙版，从而隐藏选区以外的图像。

06 调整云彩

当前的云彩与建筑的曝光相比，二者并不协调，因此下面来对新的云彩进行适当的调整。

选择"图层 1"，单击创建新的填充或调整图层按钮 ，在弹出的菜单中选择"曲线"命令，得到图层"曲线 1"，按快捷键 Ctrl + Alt + G 创建剪贴蒙版，将调整范围限制到下面的图层中，然后在"属性"面板中设置其参数，以调整图像的颜色及亮度。

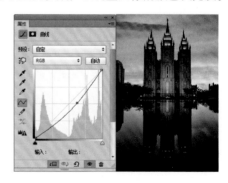

07 制作倒影

通过前面的调整，我们已经基本完成了

对上半部分实体建筑及天空的处理，应该说这部分处理还是比较简单的。下面将开始制作其在水面上的倒影，为了让倒影更真正，我们需要进行较多的拟真处理，首先来制作倒影的主体部分。

选择矩形选框工具[□]，在照片的上半部分绘制选区，以将其选中。

这里的选区并不是随意绘制的，绘制的时候需要观察倒影的范围。通常来说，在实体与倒影相近的位置，倒影会比实体的底部略少一些。

按快捷键 Ctrl+Shift+C 执行"合并拷贝"操作，再按快捷键 Ctrl+V 执行"粘贴"操作，得到"图层 2"。

选择"编辑 – 变换 – 垂直翻转"命令，并使用移动工具[▶+]将其拖至照片底部。

08 修整倒影的边缘

仔细观察原照片的倒影可以看出，在与实体连接的位置不是一个完全水平的直线，而是

有一个较小的弧形，其边缘有一条较明显的亮线。下面将依据此亮线，为倒影添加蒙版。

切换至"路径"调板并新建一个路径得到"路径 1"，选择钢笔工具[✐]，在其工具选项栏上选择"路径"选项及"合并形状"选项。

使用钢笔工具[✐]沿着中间的亮弧线边缘绘制路径。

为便于观看，读者在绘制路径时，可以暂时隐藏"图层 2"，待绘制完成路径后，再重新显示。

选择"图层 2"并按 Ctrl 键单击添加图层蒙版按钮[▣]，依据当前路径创建矢量蒙版。

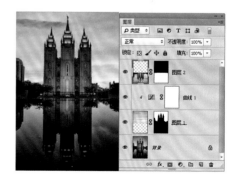

09 调整倒影的曝光及色彩

通过上面的处理，我们已经基本确定好倒影的位置及形态，下面来对其曝光和色彩进行处理，使之与实体有所差别，看起来更

像真实的倒影。

单击创建新的填充或调整图层按钮 ◐.|，在弹出的菜单中选择"纯色"命令，在弹出的对话框中设置颜色值为 051461，单击"确定"按钮退出对话框，得到图层"颜色填充1"；按快捷键 Ctrl + Alt + G 创建剪贴蒙版，并设置其混合模式为"变暗"，不透明度为 32%。

单击创建新的填充或调整图层按钮 ◐.|，在弹出的菜单中选择"曲线"命令，得到图层"曲线2"；按快捷键 Ctrl + Alt + G 创建剪贴蒙版，从而将调整范围限制到下面的图层中，然后在"属性"面板中设置其参数，以调整倒影的颜色及亮度。

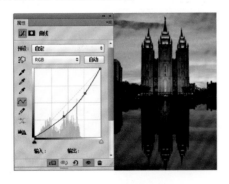

10　为倒影增加亮度渐变

至此，通过调暗倒影并为其增加一定的蓝色，使其初步具有较为真实的效果，下面再来为其增加一个从明到暗的亮度渐变，使效果更为真实。

单击创建新的填充或调整图层按钮 ◐.|，在弹出的菜单中选择"曲线"命令，得到图层"曲线3"；按快捷键 Ctrl + Alt + G 创建剪贴蒙版，将调整范围限制到下面的图层中，然后在"属性"面板中设置其参数，以大幅调暗阴影。

选择"曲线3"的图层蒙版，选择渐变工具 ▣|并在其工具选项栏上设置适当的参数。

使用渐变工具 ▣|按住 Shift 键在中下方绘制一个垂直渐变。

按住 Alt 键单击"曲线3"的图层蒙版，可以查看其中的状态。

本章所用到的素材及效果文件位于随书所附光盘"\第7章"文件夹内，其文件名与节号对应。

第 **8** 章 | 山川与流水处理

8.1 林间唯美迷雾水景处理

扫描二维码观看本例视频教程

案例概述

清晨时，林间常常会伴有雾气，可以很大程度上提高画面的唯美意境。但在雾气较强时，画面容易变得较为灰暗，整体缺乏对比和层次，尤其由于缺少足够的光照，高光会有所欠缺，导致画面不够通透。

调整思路

本例在曝光处理方面，主要是以提升画面各部分的对比为主，让其显现出清晰的层次。但要注意，对于雾气较浓的地方，可能会产生"死白"的问题，此时应充分利用 RAW 格式的优势，进行恰当的恢复处理，在色彩处理方面，本例将原本以绿色为主的树木，调整成以暖色为主的效果，以更好地突出画面的唯美意境。

PS 技术分析

在本例中，首先是在 Camera Raw 中对主体照片进行适当的润饰，使其在曝光及色彩方面更加美观，然后将其转换为 JPG 格式，并在 Photoshop 中结合图层蒙版及调整图层等功能，对细节及局部色彩进行细节的润饰即可。

调修步骤

01 裁剪构图

打开随书所附光盘中的文件"第8章\8.1-素材.CR2"。

观察照片可以看出，其左侧存在一些多余的枝叶，而且色彩和亮度都较为突出，使画面的焦点变得分散，而且从画面表现上来看，目前水面及树木所占的画面比例也较低，因此下面将通过裁剪处理，将左侧及底部的部分图像裁掉，使照片的重点更为突出。

使用裁剪工具并在照片中绘制裁剪框，以确定要保留的区域。设置完成后，按

Enter 键确认裁剪。

02 让画面更通透

当前画面中存在一定的雾气，使画面内容不够通透，因此下面将通过调整减少雾气，使景物变得更加清晰。该操作虽然会减少一定的雾气，但有利于提高画面的层次，缺少雾气导致画面氛围不足的问题，我们会在 Photoshop 中进行补偿处理。

在"效果"选项卡中提高 Dehaze 参数，使景物变得更加清晰。

此处对雾气的参数并非固定，读者可以根据自己的喜好进行适当的调整。要注意的是，在降低 Dehaze 参数时，画面可能会出现一定的曝光过度，因此要注意进行相应的校正处理。

03 调整曝光与色彩

在"基本"选项卡的上方分别设置"色温"与"色调"参数，以初步改变照片的色

调及整体的色彩。

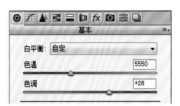

在"基本"选项卡中，分别设置中间及底部区域的"曝光""高光"及"清晰度"等参数，对细节进行适当的曝光调整。

04　调整局部高光

上一步的调整主要是让高光和暗部显示出更多的细节，从而让整体的曝光更加均衡。尤其是中间水面上的高光，这是体现画面氛围以及曝光平衡的关键点，可以略有一些曝光，但切忌出现曝光不足的问题。对当前照片来说，由于涉及的高光区域较多，难以单纯通过上述参数进行有效的处理，因此在初步调整了曝光后，下面来继续对高光进行优化，首先我们从面积较大的天空区域开始处理。

选择径向渐变工具  并在右侧底部适当设置其"羽化"参数。

羽化	57
效果：	○ 外部　◉ 内部

使用径向渐变工具 ⬭ 以天空的中心点为起点，绘制一个椭圆形的渐变调整框，并在右侧设置适当的参数，以降低其曝光量，修复其曝光过度的问题。

按照上述方法，再以水面为中心绘制椭圆形渐变调整框，并在右侧设置适当的参数，以加强此处的高光。

05　优化照片色彩

至此，我们已经初步调整好了画面的曝光，对当前的照片来说，主要是画面的色彩不够鲜艳，下面来对其中的色彩进行优化处理。

选择"HSL/灰度"选项卡中的"饱和度"子选项卡,并分别拖动其中的各个滑块,以针对红色、橙色等色彩进行提高饱和度的处理。

06 导出JPG格式照片

至此,我们已经基本调整好画面的整体色彩及曝光,下面转至 Photoshop 中对细节及天空进行处理。

单击 Camera Raw 软件左下角的"存储图像"按钮,在弹出的对话框中设置适当的输出参数。

设置完成后,单击"存储"按钮即可在当前 RAW 格式照片相同的文件夹下生成一个同名的 JPG 格式照片。

07 提亮水面高光

单击创建新的填充或调整图层按钮 ,在弹出的菜单中选择"曲线"命令,得到图层"曲线 1",在"属性"面板中设置其参数,以调整照片整体的颜色及亮度。

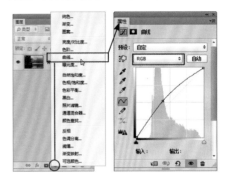

选择"曲线 1"的图层蒙版,按快捷键Ctrl+I 执行"反相"操作,设置前景色为白色,选择画笔工具 并在其工具选项栏上设置适当的参数,然后在水面的高光区域进行涂抹,以显示出调整图层对该区域的处理。

按住 Alt 键单击"曲线"的图层蒙版缩略图，可以查看其中的状态。

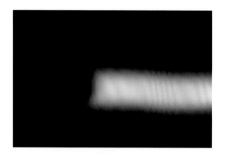

08 优化照片细节

至此，我们已经基本完成了对照片的处理，因此下面来对整体的立体感及细节锐度进行适当调整。

选择"图层"面板顶部的图层，按快捷键 Ctrl + Alt + Shift + E 执行"盖印"操作，将当前所有的可见图像合并至新图层中，得到"图层1"。

选择"滤镜 - 其它 - 高反差保留"命令，在弹出的对话框中设置"半径"数值为3.7。

设置"图层2"的混合模式为"叠加"，不透明度为65%，以强化照片中的细节、提升其立体感。

下图所示为锐化前后的局部效果对比。

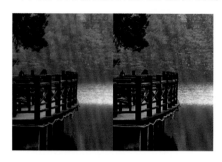

09 为画面补充云雾

观察照片整体可以看出，由于前面进行了较大幅的提高画面立体感的处理，导致原有的雾气效果大大减弱，影响了画面意境的表现，因此下面来对其进行补充处理。

新建得到"图层2"，按 D 键将前景色和背景色恢复为默认的黑白色，选择"滤镜 - 渲染 - 云彩"命令，以得到随机的云彩效果。

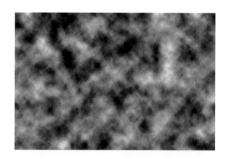

设置"图层2"的混合模式为"柔光"，不透明度为73%，使云彩与下面的照片融合起来。

10 优化色彩与曝光

通过上一步为照片添加云彩后，画面显得有些发灰，下面再来对其进行一定的优化处理。

选择"图层"面板顶部的图层，按快捷键 Ctrl + Alt + Shift + E 执行"盖印"操作，将当前所有的可见图像合并至新图层中，得到"图层 3"。

选择"滤镜 – 模糊 – 高斯模糊"命令，在弹出的对话框中设置"半径"数值为 5.9。单击"确定"按钮退出对话框。

设置"图层 3"的混合模式为"柔光"，以增强整体的色彩饱和度与对比度，同时，由于之前做过一定的模糊处理，因此能够获得一定的柔光效果，让整体的氛围更佳。

此时，画面右侧的色彩和对比得到了较好的效果，但左侧的树木由于之前就比较暗，因此在设置混合模式后，显得有些过暗了，下面对其进行恢复。

单击添加图层蒙版按钮 ▣ 为"图层 3"添加图层蒙版，设置前景色为黑色，选择画笔工具 ✐ 并设置适当的画笔大小及不透明度，在左侧区域涂抹以将其隐藏。

按住 Alt 键单击"图层 3"的图层蒙版缩略图，可以查看其中的状态。

调整右侧区域后，左侧区域又显得相对较暗，因此下面再来进行一定的提亮处理。由于该范围刚好与"图层 3"的图层蒙版的范围相反，因此将直接借助该图层蒙版进行处理。

单击创建新的填充或调整图层按钮 ◒ ，在弹出的菜单中选择"曲线"命令，得到图层"曲线 2"。按按住 Alt 键拖动"图层 3"的蒙版至"曲线 2"上，在弹出的对话框中单击"是"按钮即可，以复制图层蒙版，并按快捷键 Ctrl+I 执行"反相"操作。

双击"曲线 2"的图层缩略图，在"属性"面板中设置其参数，以提高左侧区域的亮度。

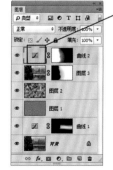

新建一个图层得到"图层4"，选择仿制图章工具🔲并在其工具选项条上设置参数，按住 Alt 键在人物周围的位置单击以定义复制的源图像，然后在要修复的位置进行涂抹，直到得到满意的效果为止。

11 修除多余的人物

当前的照片还存在明显的瑕疵，即其中存在多余的人物，下面就来将其修除。

8.2 将照片处理为古典水墨画效果

扫描二维码观看本例视频教程

▣ 案例概述

水墨画被视为我国的国画，简单来说就是将水和墨调配为不同的浓度所画出的作品。早期的水墨画只有黑白色，但后来逐渐发展为更多的色彩，其色彩微妙、意境丰富，获得很多人的青睐。水墨画的内容多为山水，因此，很多摄影师尝试通过后期手段，将拍摄的风景照片处理为类似的效果，并逐渐流传开来。在本例中，笔者就总结归纳了众多处理方法并加以创新，通过大量的调整与润饰，将照片处理为逼真的水墨画效果。

💬 调整思路

在处理之前，首先要选择一幅合适的照片，也就是照片本身应该具有一定的水墨画特质，例如山峰、流水、绿植以及云雾等，有了一个好的"根基"，才通过恰当的后期处理，达到"神似"的效果。在实际处理时，由于照片所呈现的细节要远多于水墨画，因此在处理过程中要注意减少画面的小细节并突出景物的轮廓，同时还要提高照片整体的对比度与立体感，使画面具有一定的留白。当然，这其中还少不了模拟水墨画特有的虚边效果。

PS 技术分析

在本例中，首先结合"黑白"和"曲线"调整图层将照片处理为高对比度的黑白色效果，然后以"高反差保留"滤镜＋图层混合模式、"高斯模糊"＋图层混合模式这两组功能搭配使用，分别提高照片的立体感与对比度，并为其增加水墨画特有的晕边效果。

调修步骤

01 将照片处理为黑白

打开随书所附光盘中的素材"第8章\8.2-素材1.JPG"。

在本例中，虽然并不是制作纯黑白的水墨画效果，不过在模拟水墨的笔触及各元素的基本形态时也是用黑白色进行的，因此，我们首先需要将照片处理为黑白色效果。

单击创建新的填充或调整图层按钮 ◑.，在弹出的菜单中选择"黑白"命令，得到图层"黑白1"，在"属性"面板中保持默认的参数，从而将图像处理成为单色。

在传统水墨画中，通常不会有太多中灰调的区域，因此下面将通过提高照片的对比度，以减少中间调的内容，并提升高光与暗调部分的内容。

单击创建新的填充或调整图层按钮 ◑.，在弹出的菜单中选择"曲线"命令，得到图层"曲线1"，在"属性"面板中设置其参数，以调整图像的亮度与对比度。

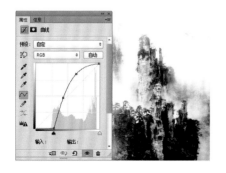

水墨画并不是完全由纯黑白的轮廓组成，各部分元素内还是要包含一定细节的。对于当前的处理结果来说，底部的树木已经呈现出死黑的状态，因此下面利用图层蒙版，减弱对此处的调整，以恢复一定的细节。

选择"曲线1"的图层蒙版，设置前景色为黑色，选择画笔工具 ✐.并设置适当的画笔大小及不透明度等参数，然后在底部的树木上进行涂抹，以恢复一些细节。

按住 Alt 键单击"曲线1"的图层蒙版，可以查看其中的状态。

02 增强立体感

在基本调整好照片的各亮度区域后，下面来提高各元素的立体感。

选择"图层"面板顶部的图层，按快捷键 Ctrl + Alt + Shift + E 执行"盖印"操作，将当前所有的可见图像合并至新图层中，得到"图层1"。

在本例中，会涉及多次"盖印"操作，目的是将当前所有可见图层中的图像合并至一个新图层中，以在此基础上进一步做处理。

在"图层1"上单击右键，在弹出的菜单中选择"转换为智能对象"命令，将"图层1"转换为智能对象图层。

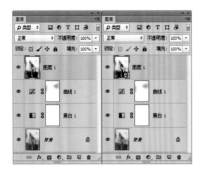

由于本例中会大量用到各种滤镜模拟水墨画效果，为了便于修改和调整，笔者将这些图层转换为智能对象图层，然后再对其应用滤镜，从而生成对应的智能滤镜。用户只要双击智能滤镜的名称，即可调出相应的对话框；也可在其中查看或修改参数。在后面的讲解中会大量使用这种工作方式，笔者将不再一一解释说明。

选择"滤镜 – 其它 – 高反差保留"命令，在弹出的对话框中设置"半径"数值，然后单击"确定"按钮退出对话框即可。

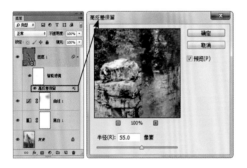

设置"图层 1"的混合模式为"柔光"，以提高照片中各元素的立体感与对比度。

03　模拟水墨的虚边效果

至此，我们已经基本完成了对照片色彩与曝光方面的处理。下面就来具体制作水墨效果。首先，我们从模拟水墨画中最典型的虚边效果开始。

选择"图层"面板顶部的图层，按快捷键 Ctrl + Alt + Shift + E 执行"盖印"操作，将当前所有的可见图像合并至新图层中，得到"图层 2"。

在"图层 2"上单击右键，在弹出的菜单中选择"转换为智能对象"命令，将其转换为智能对象图层。

选择"滤镜 – 模糊 – 高斯模糊"命令，在弹出的对话框中设置"半径"数值为 6，单击"确定"按钮退出对话框。

设置"图层 2"的混合模式为"变暗"，从而让照片中的元素边缘具有类似水墨画的虚边效果。

"高斯模糊"命令与"变暗"混合模式是制作水墨画效果的关键。"高斯模糊"命令决定了元素虚边的强度，也就是说，此命令的数值越大，则虚边效果越强，摄影师可根据照片的大小、需要的虚边效果来设置合适的数值；"变暗"混合模式用于将模糊后的图像叠加与下方相融合，其原理是过滤掉亮色并保留暗色。这两个功能相结合，才能得到合适的虚边效果。

04　为照片叠加色彩

在传统水墨画中，并非全部都是纯黑白

色的，无论是古代还是现代，都有很多水墨画是带有一定色彩的，例如土黄色的山、蓝色的天、绿色的树木与草地等，这也是水墨画中一种常见的表现形式。下面将在前面做好的黑白水墨画的基础上，继续为其添加色彩。

当然，如果想要制作纯黑白的水墨画，则可以跳过本步处理，直接继续下面的步骤即可。

复制"背景"图层得到"背景 拷贝"并将其拖至所有图层的上方，设置其混合模式为"颜色"，不透明度为60%，为水墨画叠加原照片中的色彩。

在本例中，素材照片的色彩较为均匀且恰当，因此笔者直接用其作为叠加色彩的"原料"。摄影师在处理自己的照片时，可根据素材照片的情况，适当对色彩进行一定的润饰处理，直至达到满意的效果。

对当前的效果来说，叠加色彩后显得略有些偏灰，因此下面来对素材照片进行提高对比度处理。

单击创建新的填充或调整图层按钮 ●.，在弹出的菜单中选择"亮度/对比度"命令，得到图层"亮度/对比度1"，按 Ctrl + Alt + G 键创建剪贴蒙版，从而将调整范围限制到下面的图层中，然后在"属性"面板中设置其参数，以调整图像的亮度及对比度。

05 进一步提升水墨笔触效果

熟悉水墨画或看过一些水墨画作品的摄影师不难知道，水墨画是通过手工绘制所得，因此其细节要远少于数码相机拍出的实景照片，但在主要的物体轮廓上，笔触则比较明显，因此下面就以减少小细节、提高轮廓笔触为主要目的，进行一系列的处理。

选择"图层"面板顶部的图层，按 Ctrl + Alt + Shift + E 键执行"盖印"操作，将当前所有的可见图像合并至新图层中，得到"图层3"。

在"图层3"上单击右键，在弹出的菜单中选择"转换为智能对象"命令，将其"转换为智能对象图层。

选择"滤镜 – 其它 – 高反差保留"命令，在弹出的对话框中设置"半径"数值为8。

设置"图层3"的混合模式为"强光"，以提高照片的立体感，尤其是景物轮廓的线条感。

通过上面的处理，景物的主体轮廓得到了强化，但同时一些小细节也或多或少变得更强了。下面来通过调整，将这些小细节进行模糊化处理。

选择"图层3"，选择"滤镜-杂色-中间值"命令，在弹出的对话框中设置"半径"数值为10。

在"图层4"上单击右键，在弹出的菜单中选择"转换为智能对象"命令，将其转换为智能对象图层。

选择"滤镜-艺术效果-海报边缘"命令，在弹出的对话框中设置参数，处理后的图像可以参见对话框左侧的效果预览。单击"确定"按钮退出对话框，以增强景物的轮廓线条。

下面在此基础上，通过复制图层并调整参数的方式，进一步强化效果。

复制"图层3"得到"图层3拷贝"，然后双击该图层下方的"高反差保留"智能滤镜，在弹出的对话框中修改其参数为50。

单击"确定"按钮退出对话框，并设置"图层3拷贝"的不透明度为50%。

06 增加装饰文字

在传统水墨画中，往往会加入主题文字以及一些说明信息，如画师的姓名、印章等，对于我们通过后期处理得到的水墨画来说，也可以加入类似的信息，同时使整体看起来更像是真正的水墨画。

打开随书所附光盘中的素材"第8章\8.2-素材2.PSD"。

使用移动工具 将其中的图像拖至本例制作的水墨画中，并按快捷键Ctrl+T调出自由变换控制框，以适当调整其大小及位置，然后按Enter键确认即可。

最后，我们再来强化一下景物的边缘线条。

选择"图层"面板顶部的图层，按快捷键Ctrl + Alt + Shift + E执行"盖印"操作，将当前所有的可见图像合并至新图层中，得到"图层4"。

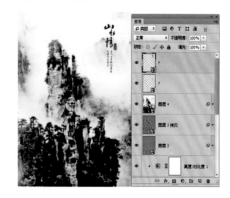

8.3 用 Camera Raw 丰富冰岛瀑布照片的色彩与层次

扫描二维码观看本例视频教程

案例概述

在拍摄溪水或瀑布时，由于存在大量流动的水花，会产生较多的光线反射，因此通过长时间曝光拍摄的丝滑流水画面容易出现曝光过度的问题。此时需要提前对曝光进行预判，也就是适当降低一定的曝光，但容易产生画面偏灰、曝光不足的问题。在本例中，由于环境光线并不通透，因此画面显得更加灰暗，本例就来讲解其调整方法。

调整思路

本例照片的曝光问题较多，需要进行较精确的分区处理，同时，本例的照片以 RAW 格式拍摄，因此这里先在 Adobe Camera Raw 中对照片进行基本的润饰处理，然后再转至 Photoshop 中，对细节及水面做进一步的处理。

PS 技术分析

在本例中，首先是利用 Adobe Camera Raw 中的"基本""HSL/灰度"及"相机校准"等选项卡中的参数，对照片进行初步的校正处理，然后再在 Photoshop 中，结合多个调整图层，对整体的色彩进行细致的调整，并结合图层蒙版功能，对水面进行分区调整，直至得到满意的效果。

调修步骤 ●

01 优化色彩与曝光

打开随书所附光盘中的素材"第 8 章\8.3-素材.NEF"，以启动 Adobe Camera Raw 软件。

本例主要的后期处理工作是在 Photoshop 中完成的，因此当前在 Adobe Camera Raw 中的处理，主要是利用 RAW 格式的宽容度，对较明显的曝光及色彩方面的问题进行一定的优化，剩余的大部分工作再转至 Photoshop 中继续。下面先对整体的色彩与曝光进行处理。

在"基本"选项卡中，分别调整上方的白平衡与中间的曝光，以初步校正整体的色彩倾向，并显示出更多的高光与暗部的细节。

02　让整体更加通透

当前照片存在较明显的雾蒙蒙的感觉，下面将利用 Adobe Camera Raw 9.1 版本中新增的 Dehaze（去雾霾）功能进行优化处理，使其变得更加通透。

选择"效果"选项卡，并向右拖动 Dehaze 滑块，直至得到满意的效果。

03　调整水面与天空的色彩

观察照片可以看出，其天空和水面的色彩显示较为怪异，尤其是水面已经呈现出碧绿的效果，下面来对其进行处理。

在"HSL/灰度"选项中选择"色相"和"明亮度"选项卡，分别拖动各滑块，以调整其中的色彩。

04　为照片增加紫色调

在本例中，希望将照片调整为具有蓝紫色调的效果，这里将使用"相机校准"选项卡中的参数进行调整，下面来讲解其具体处理方法。

选择"相机校准"选项卡，并调整"蓝原色"选项卡中的参数，使画面具有一定的紫色调效果。

05　将照片转换为JPG格式

本例的主要工作是要为照片更换新的天空，并制作背景，这些都要在 Photoshop 中才可以顺利完成，因此在前面利用 RAW 格式的宽容度，适当调整其基本属性后，下面要将其转换为 JPG 格式，然后在 Photoshop 中做进一步的处理工作。

单击 Camera Raw 软件左下角的"存储图像"按钮，在弹出的对话框中设置适当的输出参数。

设置完成后，单击"存储"按钮即可在当前 RAW 格式照片相同的文件夹下生成一个同名的 JPG 格式照片。

06　优化整体的曝光与对比

当前的画面仍然显得较为灰暗，因此下面来对整体的曝光与对比进行优化。

在 Photoshop 中打开上一步导出的 JPG 格式照片，单击创建新的填充或调整图层按钮 ｜ ◑.｜，在弹出的菜单中选择"曲线"命令，得到图层"曲线 1"，在"属性"面板中设置其参数，以调整图像的颜色及亮度。

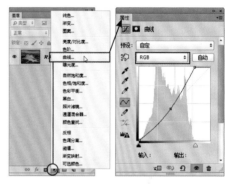

07　强化照片色彩

通过上一步的调整，不仅让照片变得不再灰暗，同时也提高了一定的色彩效果，这也是调整曝光时特有结果。但显然，仅仅通过调整曝光对色彩的影响还有限，当前的色彩效果还有进一步提升的空间，下面就来进行处理。

单击创建新的填充或调整图层按钮 ｜ ◑.｜，在弹出的菜单中选择"可选颜色"命令，得到图层"选取颜色1",在"属性"面板中设置其参数,以调整照片的颜色。

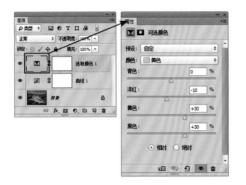

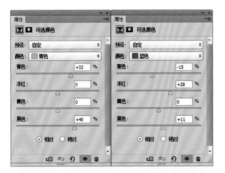

08 调整右侧局部的对比

前面是对照片整体进行的优化处理,从结果上可以看出,其右侧相对于其他区域,仍然存在较明显的偏灰问题,下面来对该局部进行处理。

单击创建新的填充或调整图层按钮 ◎.,在弹出的菜单中选择"曲线"命令,得到图层"曲线2",在"属性"面板中设置其参数,以调整图像的颜色及亮度。

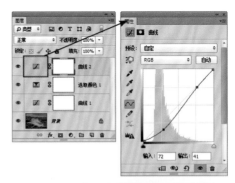

选择"曲线2"的图层蒙版,按快捷键Ctrl+I执行"反相"操作,设置前景色为白色,选择画笔工具 ✐ 并在其工具选项栏上设置适当的参数。

使用画笔工具 ✐ 在右侧区域进行涂抹,直至得到满意的调整结果。

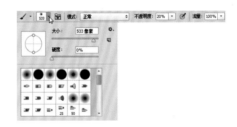

按住Alt键单击"曲线2"的图层蒙版,可以查看其中的状态。

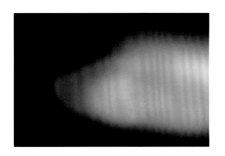

09 优化整体对比

通过前面的一系列调整，观察照片整体后发现还有一些提高对比度的调整空间，下面来对其进行处理。

单击创建新的填充或调整图层按钮 ◑.，在弹出的菜单中选择"亮度/对比度"命令，得到图层"亮度/对比度1"，在"属性"面板中设置其参数，以调整图像的亮度及对比度。

8.4 运用合成手法打造唯美水景大片

扫描二维码观看本例视频教程

📷 案例概述

在以水面为主体拍摄照片时，若与天空之间的光比太大，可以以水面及其周围的礁石为主进行曝光。因为相对而言，水面及其周围元素的细节相对较多，相对也更难进行修复或替换处理，而天空则相对来说更容易进行处理一些。

🧠 调整思路

在本例中，天空显得比较单调，虽然是以RAW格式拍摄的，但由于细节太少，因此在处理之前就已经放弃对其进行恢复性处理，而是决定对天空进行替换处理。在确定这样一个整体的思路后，后续工作就是以水面及其周边元素为主，根据既定的表现方向，进行适当的曝光与色彩调整。

PS 技术分析

在本例中，首先是在 Adobe Camera Raw 中利用 RAW 格式的宽容度，初步调整好画面的基本色调及曝光，然后转至 Photoshop 中，结合调整图层及图层蒙版等功能，对照片的细节进行润饰即可。

01 校正照片的倾斜问题

打开随书所附光盘中的素材"第8章\8.4-素材 1.RAF",以启动 Adobe Camera Raw 软件。

从整体上看,照片存在较明显的倾斜问题,也就是地平线不是水平的,这会在很大程度上影响画面的美感和平衡感,因此下面先对此问题进行校正处理。

选择拉直工具 并将光标置于左侧的地平线起始位置。

按住鼠标左键向右侧拖动虚线,并保持虚线与地平线平行。释放鼠标左键,完成校正处理,此时将自动对照片进行相应的裁剪处理。

按 Enter 键确认拉直处理。

02 调整画面的色调与曝光

在本例中,主要是想将画面处理为以暖调为主的效果,在曝光方面保持正常即可,因此下面先从整体的色调入手进行调整。

在"基本"选项卡顶部分别调整"色温"和"色调"参数,直至得到满意的暖调效果。

继续在"基本"选项卡的中间及底部区域分别设置各个参数,以适当优化照片的曝光与色彩。

在"效果"选项卡中，向右侧拖动 Dehaze 滑块，以适当增强画面的通透感。

03 导出JPG格式照片

至此，我们已经基本调整好画面的整体色彩及曝光，下面将转至 Photoshop 中对细节及天空进行处理。

单击 Camera Raw 软件左下角的"存储图像"按钮，在弹出的对话框中适当设置输出参数。

设置完成后，单击"存储"按钮即可在当前 RAW 格式照片相同的文件夹下生成一个同名的 JPG 格式照片。

04 优化局部的色彩

观察照片可以看出，下方水面和周围礁石的色彩较为相近，因此显得有些平淡。下面将结合调整图层与图层蒙版，分别对水面与礁石的色彩进行一定的调整，使二者具有较好的对比和层次差异。

打开上一步导出的 JPG 格式照片，单击创建新的填充或调整图层按钮 ，在弹出的菜单中选择"色彩平衡"命令，得到图层"色彩平衡 1"，在"属性"面板中设置其参数，以调整照片的颜色。

选择"色彩平衡 1"的图层蒙版，按快捷键 Ctrl+I 执行"反相"操作，从而将其处理为纯黑色。

设置前景色为白色，选择画笔工具 并在其工具选项栏上设置适当的参数，然后在礁石上进行涂抹，使调整图层只对该区域进行色彩调整。

按住 Alt 键单击"色彩平衡 1"的图层蒙版，可以查看其中的状态。

按照上述方法，再创建"色彩平衡 2"调整图层，并适当设置其参数，然后利用图层蒙版，将其调整范围限制在水面区域内。

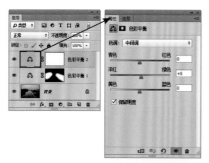

按住 Alt 键单击"色彩平衡 2"的图层蒙版，可以查看其中的状态。

05 合成新的天空

本例的天空较为单调，缺乏美感，因此本例将使用另一幅照片中漂亮的天空进行替换，下面来讲解其具体方法。

打开随书所附光盘中的素材"第 8 章 \8.4-素材 2.JPG"。使用移动工具 按住 Shift 键将其拖至本例操作的文件中，得到"图层 1"；按快捷键 Ctrl + T 调出自由变换控制框，适当调整图像的大小及角度，并将其底部与地平线对齐。

确认得到满意的效果后，按 Enter 键确认变换即可。

新的天空底部与地平线之间还比较生硬，下面来让其柔和、自然地过渡。

单击添加图层蒙版按钮 为"图层 1"添加蒙版，选择渐变工具 ，在其工具选项条中选择线性按钮 ，并选择"黑白渐变"预设，然后在底部边缘处从下至上绘制渐变。

按住 Alt 键单击"图层 1"的图层蒙版，可以查看其中的状态。

06 锐化细节

通过前面的处理，画面主体已经基本完成，因此下面对其进必要的锐化处理，以呈现出更多的细节。

选择"图层"面板顶部的图层，按快捷键 Ctrl + Alt + Shift + E 执行"盖印"操作，将当前所有的可见图像合并至新图层中，得到"图层 2"，并在其图层名称上单击右键，在弹出的菜单中选择"转换为智能对象"命令，以便于下面对该图层应用滤镜。

选择"滤镜 - 其它 - 高反差保留"命令，在弹出的对话框中设置"半径"数值为 2.1。

设置"图层 2"的混合模式为"柔光"，以强化照片中的细节。

下图所示为锐化前后的局部效果对比。

07 添加光晕

为了增加整体的氛围，下面来为照片添加镜头光晕。

新建得到"图层 3"，设置前景色为黑色，按快捷键 Alt+Delete 填充前景色，然后在其图层名称上单击右键，在弹出的菜单中选择"转换为智能对象"命令，再设置其混合模式为"滤色"。

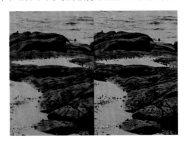

将"图层 3"转换为智能对象，是为了后面添加"镜头光晕"命令时，能够生成相应的智能滤镜，并且由于光晕的位置可能无法一次调整到位，因此可以双击该智能滤镜，在弹出的对话框中进行反复编辑，直至得到满意的效果。将"图层 3"的混合模式设置为"滤色"，是为了将黑色完全过渡掉，在后面添加镜头光晕后，可以只保留光晕。

选择"滤镜 - 渲染 - 镜头光晕"命令，在弹出的对话框中设置参数，并适当调整光晕的位置。

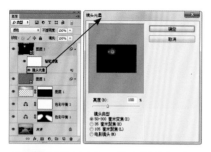

08 为天空补充蓝色

当前天空存在少量的蓝色，从整体上来说，该色彩可以与其他色彩形成鲜明的对比，增加画面的美感。但当前的色彩范围较小，且色彩不够纯正，下面就来对其进行调整。

设置前景色的颜色值为81b0f7，单击创建新的填充或调整图层按钮 ◙.，在弹出的菜单中选择"渐变"命令，在弹出的对话框中设置参数，同时得到图层"渐变填充1"。

在创建"渐变填充1"图层前设置前景色，是因为此命令默认使用"从前景色到透明"的渐变，因此在设置前景色后，刚好可以自动设置为我们所需要的渐变。

设置"渐变填充1"的混合模式为"颜色加深"，不透明度为72%，使其中的色彩叠加在天空区域。

上面添加的渐变有一部分超出了天空的范围，影响了下方的水面及礁石，因此接下来要将其隐藏一部分。

按照第5步的方法，选择"渐变填充1"的图层蒙版，并在其中绘制黑白渐变，以隐藏多余的蓝色渐变。

按住Alt键单击"渐变填充1"的图层蒙版，可以查看其中的状态。

本章所用到的素材及效果文件位于随书所附光盘"\第8章"文件夹内，其文件名与节号对应。

第**9**章 | 夜景处理

9.1 使用堆栈合成国家大剧院上空的完美星轨

扫描二维码观看本例视频教程

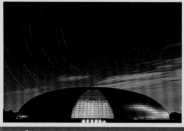

案例概述

传统的星轨拍摄，是通过设置几十或数百分钟的曝光拍摄得到星星运行的轨迹。这种方法具有明显的缺点，如曝光结果不可控、易形成光污染、易产生噪点等；而堆栈法是近年非常流行的一种拍摄星轨的技术，摄影师可以以固定的机位及曝光参数，连续拍摄成百上千张照片，然后通过后期合成为星轨效果，这种方法合成得到的星轨，可以有效避免传统方法的拍摄问题。

调整思路

要将拍摄的多张照片合成为星轨，使用的技术较为简单，只需要将照片堆栈在一起并设置适当的堆栈模式即可，其重点在于前期拍摄时的构图、相机设置以及拍摄的张数等。当然，除了单纯的星轨合成之外，我们还需要对合成后的效果进行一定的处理，如曝光、色彩以及降噪等。

技术分析

要将拍摄的多张照片合成为星轨，首先需要将其以智能对象的方式堆栈在一起，并设置合适的堆栈模式（通常使用"最大值"模式），即可合成得到星轨效果。通常来说，单张照片曝光的时间越长，照片的数量越多，那么最终合成得到的星轨数量也就越多、弧度也越长。要注意的是，如果原片有明显的问题，如存在大量噪点、出现意外光源等，应提前进行处理，以避免影响合成结果。尤其是噪点多的情况，可能会导致最终出现由噪点组成的伪"星轨"。

调修步骤

01 将照片载入堆栈

在本例中，将使用连续拍摄的 704 张照片，通过堆栈处理，合成得到星轨效果，素材的基本状态如下图所示。

选择"文件－脚本－将文件载入堆栈"命令，在弹出的对话框中单击"浏览"按钮。

在弹出的"打开"对话框中，打开随书所

附光盘中的素材文件夹"第9章\9.1-素材"。按
Ctrl+A 键选中所有要载入的照片，再单击"打开"
按钮以将其载入到"载入图层"对话框，并注意
一定要选中"载入图层后创建智能对象"选项。

单击"确定"按钮即可开始将载入的照
片堆栈在一起并转换为智能对象。

提示： 若在"载入图层"对话框中，忘记选
中"载入图层后创建智能对象"选项，可以
在完成堆栈后，选择"选择-所有图层"命
令以选中全部的图层，再在任意一个图层名
称上单击右键，在弹出的菜单中选择"转换
为智能对象"命令即可。

选中堆栈得到的智能对象，再选择"图层-
智能对象-堆栈模式-最大值"命令，并等待
Photoshop 处理完成，即可初步得到星轨效果。

当前智能对象图层是将所有的照片文件
都包含在其中，因此该图层会极大地增加
文件保存的大小，在设置了堆栈模式、确
认不需要对该图层做任何修改后，可以在
其图层名称上单击右键，在弹出的菜单中
选择"栅格化"命令，从而将其转换为普通
图层，这样可以大幅降低以 PSD 格式保存
时的文件大小。

02 调整天空的曝光

通过上面的操作，我们已经基本完成了
星轨的合成，此时照片整体仍然存在严重
的曝光不足，下面来进行初步的校正处理。

按 Ctrl+J 键复制图层"IMG_3684.JPG"
得到"IMG_3684.JPG 拷贝"，并设置其混合
模式为"滤色"，以大幅提亮照片。

03 提高立体感

在初步调整了照片整体的曝光后，照片
中的星轨仍然不够明显，因此下面先来提高
一下各元素的立体感，以尽可能显现出更多
的星轨。

选择"图层"面板顶部的图层，按快捷

键 Ctrl + Alt + Shift + E 执行"盖印"操作，将当前所有的可见图像合并至新图层中，得到"图层1"。

选择"滤镜 – 其它 – 高反差保留"命令，在弹出的对话框中设置"半径"数值为3，单击"确定"按钮退出对话框。

设置"图层1"的混合模式为"强光"，以大幅提高各元素的立体感。

下图所示为锐化前后的局部效果对比。

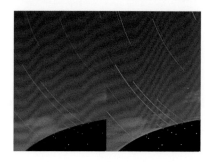

通常情况下，要增强各元素的立体感，只需要设置"柔光"或"叠加"混合模式即可，但由于此处的操作目的是希望尽量显示出更多、更强的星轨，因此设置了效果最强烈的"强光"混合模式。

通过上面的处理后，画面中的星轨线条变得更加明显了，但随之而来的是，噪点也变得更加明显了，这个问题我们会留在最后进行统一的处理。

04 调整照片色彩

至此，我们已经初步调整好画面的曝光，且尽可能地强化了星轨的线条，此时画面最大的问题就是色彩非常灰暗，且对比度不足，下面就来对其进行润饰处理。要注意的是，由于天空和地面建筑之间的曝光差异较大，无法一次性完成对二者的处理，因此这里将先对天空进行处理，暂时不理会对建筑的影响。

单击创建新的填充或调整图层按钮 ，在弹出的菜单中选择"曲线"命令，得到图层"曲线1"，在"属性"面板中设置其参数，以提高画面的对比度。

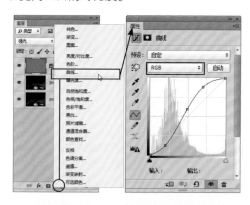

在初步调整好画面的对比度后，下面继续调整其色彩。本操作仍然在"曲线1"调

整图层中完成。

双击"曲线 1"的缩略图，在其"属性"面板中分别选择"红""绿"和"蓝"通道并调整曲线，直至得到满意的色彩效果。

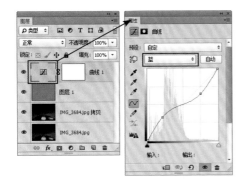

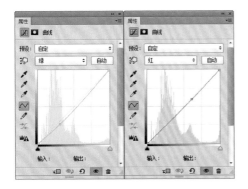

下面来进一步强化画面的色彩。

单击创建新的填充或调整图层按钮 ⊘.，在弹出的菜单中选择"自然饱和度"命令，得到图层"自然饱和度 1"，在"属性"面板中设置其参数，以调整图像整体的饱和度。

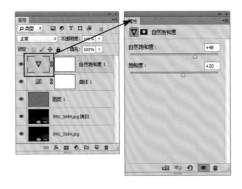

观察照片可以看出，此时的天空仍然显得比较"平"，缺少具有层次感的亮度渐变过渡，下面就来模拟这种效果。

设置前景色为黑色，单击创建新的填充或调整图层按钮 ⊘.，在弹出的菜单中选择"渐变"命令，在弹出的对话框中设置参数，单击"确定"按钮退出对话框，同时得到图层"渐变填充 1"。

在上面的操作中，提前将前景色设置为黑色，是因为在创建"渐变填充"图层后，会自动以"从前景色透明"的渐变进行填充，也就是我们所需要的从黑色到透明的渐变，这样可以快速设置好渐变，提高工作效率。

设置"渐变填充1"的混合模式为"柔光"，不透明度为30%，以制作出天空的明暗过渡效果。

05 抠选原始建筑

至此，我们已经基本完成了对天空的处理，在下面的操作中，将开始调整建筑的曝光与色彩。这里使用的是原始的照片进行处理。

隐藏除底部的"IMG_3684.JPG"以外的图层。选择磁性套索工具 并在其工具选项栏上设置适当的参数。

使用磁性套索工具 沿着建筑边缘绘制选区，以将其选中。

选择底部的图层"IMG_3684.JPG"，按快捷键Ctrl+J将选区中的图像复制到新图层中，得到"图层2"，将其移至所有图层上方，并显示其他图层。

06 调整建筑的曝光与色彩

下面来调整建筑的曝光。当前的建筑较暗，因此首先来显示出更多的暗部细节。

选择"图像－调整－阴影／高光"命令，在弹出的对话框中设置参数，以显示出更多的暗部细节。

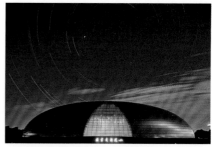

在初步调整好建筑的曝光后，下面来对其色彩进行调整。要注意的是，除了要保证对建筑本身的色彩进行强化外，还需要根据天空的色彩，进行适当的匹配调整。

单击创建新的填充或调整图层按钮 ，在弹出的菜单中选择"曲线"命令，得到图层"曲线2"，按快捷键Ctrl + Alt + G创建剪贴蒙版，从而将调整范围限制到下面的图层中，然后在"属性"面板中设置其参数，以调整建筑的色彩。

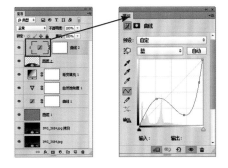

调整后的建筑色彩，偏蓝的部分过多，且右侧高光区域的黄色也显得过多，因此下面来进行局部的弱化处理。

选择画笔工具 🖉 并在其工具选项栏上设置适当的参数。

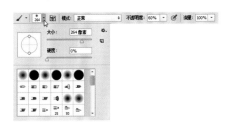

选择"曲线 2"的图层蒙版，设置前景色为黑色，使用画笔工具 🖉 在左、右两侧的建筑上进行涂抹，直至得到满意的效果。

按住 Alt 键单击"曲线 2"的图层蒙版，可以查看其中的状态。

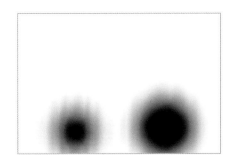

下面来继续调整色彩，使建筑上略有一些紫色调效果，使其与画面整体更加匹配。

单击创建新的填充或调整图层按钮 🔘，在弹出的菜单中选择"色彩平衡"命令，得到图层"色彩平衡 1"，按快捷键 Ctrl + Alt + G 创建剪贴蒙版，从而将调整范围限制到下面的图层中，然后在"属性"面板中设置其参数，以调整建筑的颜色。

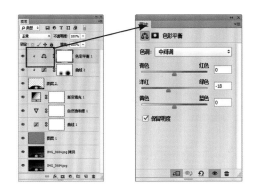

至此，画面的色彩已经基本调整好，但整体看来，其对比度仍显得有些不足，下面

来进行适当的强化处理。

单击创建新的填充或调整图层按钮 ◐.，在弹出的菜单中选择"亮度/对比度"命令，得到图层"亮度/对比度1"，按 Ctrl + Alt + G 键创建剪贴蒙版，从而将调整范围限制到下面的图层中，然后在"属性"面板中设置其参数，以调整图像的亮度及对比度。

其转换成为智能对象图层，以便于下面对该图层中的照片应用及编辑滤镜。

选择"滤镜 – Imagenomic – Noiseware"命令，在弹出的对话框左上方，选择"夜景"预设，即可消除照片中的噪点，并能够较好地保留细节。

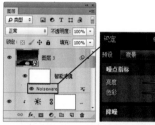
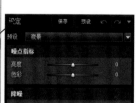

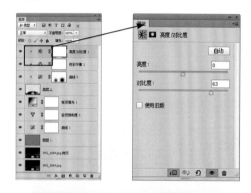

下图所示是消除噪点前后的局部效果对比。

07 消除噪点

至此，我们已经基本完成了对星轨照片的处理，以 100% 显示比例仔细观察可以看出，照片中存在一定的噪点，天空部分尤为明显，下面就来解决这个问题。这里使用的是 Noiseware 插件进行处理，其使用方法可参见本书第 3 章的相关讲解。

选择"图层"面板顶部的图层，按 Ctrl + Alt + Shift + E 键执行"盖印"操作，从而将当前所有的可见照片合并至新图层中，得到"图层3"。

在"图层3"的名称上单击右键，在弹出的菜单中选择"转换为智能对象"命令，将

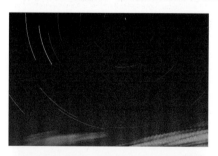

9.2 用 StarsTail 将一张照片处理为完美星轨

扫描二维码观看本例视频教程

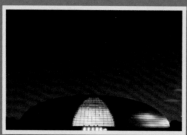

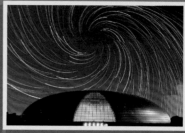

案例概述

在本书的第 4.5 节中已经介绍了 StarsTail 插件的"蒙版"功能，该插件还有另一个非常重要的功能，即"堆栈"，它可以帮助摄影师轻松地合成出星轨效果。相比传统的拍摄法以及 9.1 节中的 Photoshop 堆栈法，该插件主要有两大优势：一是只需要拍摄 1 张照片即可实现星轨效果；二是该插件可以制作出多种星轨效果，除了传统的圆形星轨外，还可以制作出螺旋状、彗星状、淡入与淡出等效果。虽然这已经在很大程度上偏离了摄影的本质，但其炫酷的效果，仍然被很多摄影爱好者所追捧。

调整思路

如前所述，使用 StarsTail 插件制作星轨效果只需要 1 张照片即可，然后摄影师可根据需要复制多个图层，再在 StarsTail 面板中选择一种要制作的效果，并设置适当的参数即可。简单来说，复制的图层越多，制作得到的星轨也就越长，还会影响星轨的长度及连贯性。要注意的是，本例的素材照片存在星光数量少，且不够明亮的问题，因此需要在合成星轨前做适当的处理。

技术分析

使用 StarsTail 插件制作星轨效果时，主要涉及坐标、缩放百分比以及旋转角度 3 个属性。坐标是指星轨的中心点，例如将坐标的 X、Y 数值均设置为 0，表示旋转中心在左上角；缩放百分比是指对每个图层中的照片计算时缩放的比例，只设置此参数时将形成放射状的星轨效果；旋转角度是指对每个图层中的照片计算时旋转的角度，只设置此参数时，可形态圆弧状的星轨，此时最接近真实星轨的效果。

调修步骤

01 消除噪点

打开随书所附光盘中的素材"第 9 章 \9.2-素材 1.JPG"。

在弱光环境下拍摄的照片，即使使用较低的 ISO 感光度拍摄，也容易产生噪点，这些噪点会在合成星轨时对结果产生很大的影响。本例的照片较暗，因此其中的噪点并不太明显，但通过上一节的案例可以看出，在最终进行合成并大幅提亮后，画面会产生非常多的噪点。单从本例的素材照片来看，我们可以先适当提亮照片，然后观察其中的噪点。

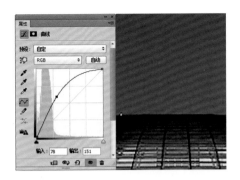

调亮并放大显示本例的素材可以看出，照片存在较多的噪点，因此需要先将其消除。为了便于观察效果，下面将保留上面的"曲线1"调整图层，直至噪点处理完毕。

选择"滤镜-模糊-表面模糊"命令，在弹出的对话框中设置参数，以消除照片中的噪点。

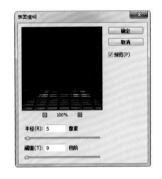

下图所示是消除噪点前后的局部效果对比。

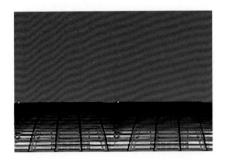

"表面模糊"命令可以自动检测照片的边缘并进行平滑处理，因此对于本例这种背景较为纯净的照片来说，可以很好地消除其中的噪点。

消除噪点的同时，下方建筑图像也损失了很多细节，不过没关系，因为建筑是在后面单独处理的，此处只是要消除天空的噪点。

02　强化星光

如前所述，本例照片中的星光不够明亮，这会在很大程度上影响最终的星轨效果，因此下面先对星光进行适当的提亮处理。

按快捷键 Ctrl+J 复制"背景"图层得到"图层 1"，并设置其混合模式为"滤色"。

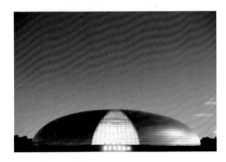

选择"图层 1"，单击添加图层样式按钮 fx.，在弹出的菜单中选择"混合选项"命令，在弹出的对话框底部，按住 Alt 键单击"本图层"中的黑色三角滑块，使之变为两个半三角滑块，再分别拖动这两个半三角滑块，得到满意的融合效果后，单击"确定"按钮退出对话框。

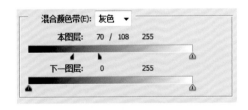

下图所示为提亮前后的局部效果。

此处的变化虽然并不十分明显，但却是很有必要的，否则最终合成出的星轨会显得线条较细，且不够明亮。

至此，我们已经完成了对噪点及星光的处理，所以不再需要"曲线 1"对照片进行提亮了，可以将其删除。

此时，照片右下角还有一个非常明亮的灯塔，这是多余的元素，下面来将其修除。

选择"图层"面板顶部的图层，按快捷键 Ctrl + Alt + Shift + E 执行"盖印"操作，将当前所有的可见图像合并至新图层中，得到"图层 2"。

使用矩形选框工具 选中灯塔。选择"编辑 – 填充"命令，在弹出的对话框的"使用"下拉列表中选择"内容识别"选项，其他参数保持默认，然后单击"确定"按钮退出对话框，并按快捷键 Ctrl+D 取消选区。

03 将建筑处理为黑色

在使用 StarsTail 插件制作星轨效果时，会对照片中的亮部进行计算，因此照片中的亮部越多，处理速度就越慢。对本例来说，前景中的建筑是不需要参与制作星轨效果的，但它又存在大量的亮部细节，会很大程度上影响处理的速度，因此下面先来将其选中并填充为黑色。

使用快速选择工具 在建筑上拖动，直至选中建筑。

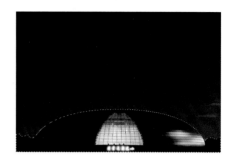

设置前景色为黑色，按快捷键 Alt+Delete 填充选区，然后按快捷键 Ctrl+D 取消选区。

04 增加星光数量

如前所述，本例素材照片中的星光较少，因此很难合成出较好的星轨效果（这是笔者已经实验过的结论），因此下面先为照片增加一些星光。

添加星光主要有两种思路：其一是使用画笔工具 以较小的画笔及适当的不透明度进行绘制，以模拟星光的大小及明暗变化，但如果把握得不好，容易使星光显得很假；另一个思路是利用现有的星光进行复制，可以保证星光的真实性，但技术上略为麻烦一些。这里以第二个思路为例进行讲解。

选择"图层"面板顶部的图层，按快捷键 Ctrl + Alt + Shift + E 执行"盖印"操作，将当前所有的可见图像合并至新图层中，得到"图层 4"。

画面右下角的云彩是不需要的，因此下面先将其修除。

按照本例第 2 步中修除灯塔的方法，将右下方的云彩修除。

选择"编辑－变换－水平翻转"命令，并设置"图层 4"的混合模式为"变亮"，以增加星光的数量。

复制"图层 4"得到"图层 4 拷贝"，并移动其中图像的位置。

可以看出，由于移动位置后，"图层 4 拷贝"中图像的亮部覆盖了黑色的建筑，且亮部保留了下来，下面需要将其清除，仅保留星光。

按照第 2 步的方法，使用"混合选项"命令对多余的亮部进行过滤即可。

按照上述方法，继续复制更多的图层，并适当调整其位置，直至得到较为丰富的星光效果。

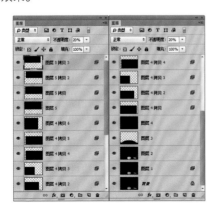

"图层 5"是执行"盖印"操作得到的，并在此基础上执行了"垂直翻转"处理，为了模拟星光的强弱变化，还设置了一定的不透明度。

05 确定中心坐标

在本例开始时的技术分析中已经说明，坐标的作用是确定星轨的中心点。摄影师可根据构图和表现的需要，任意设置其中心点。下面就以本例的照片来例，讲解确定中心点的方法。

按 F8 键或选择"窗口－信息"命令以显示"信息"面板，将光标置于要作为星轨中心点处，并观察"信息"面板中的位置属性即可。

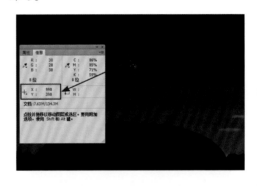

06 制作图层

通过前面的操作，我们已经准备好了要制作星轨的照片，下面就开始复制多个图层，以备 StarsTail 插件使用。为了便于操作，笔者录制了一个动作组，其中包含了一些常用的复制图层的数量，摄影师只需要选择一个动作并播放，即可快速复制得到相应数量的图层了。

要注意的是，由于前面做了较多的操作，对照片进行基础处理，为了便于以后修改，因此建议将之前的文件单独保存起来，然后选择"图层－拼合图像"命令，将所有图层拼合在一起，再继续下面的操作。

打开随书所附光盘中的素材"第 9 章 \9.2-素材 2.atn"。，从而在"动作"面板中载入该动作。选择"复制 300 个"动作，并单击播放选定的动作按钮 ▶|，以复制得到 300 个图层。

07　使用StarsTail插件制作星轨

选择"窗口-扩展功能-StarsTail"命令，以调出 StarsTail 面板。

在 StarsTail 面板中选择"堆栈"选项卡，再单击"旋转效果"按钮，在弹出的对话框中设置其参数，这里是将中心坐标取整数为 1000、400。

设置完参数后，单击"确定"按钮，即可开始合成星轨，直至完成为止。

处理完成后，按快捷键 Ctrl+Shift+E 将所有图层合并即可。

在使用 StarsTail 插件制作星轨的过程中，最耗费时间的就是合成星轨以及合并图层这个操作，复制的图层越多，处理的时间也就越长。

值得一提的是，如果在前面没有执行消除噪点、增加星光操作，则部分噪点也会变为螺旋状，线条非常凌乱，影响星轨效果的表现，且星轨的线条会很少。

08　调整照片曝光与色彩

在完成星轨合成后，可以将本例的原素材打开，将其拖至星轨文件中，再使用第 2 步的方法将建筑单独抠选出来，然后结合"曲线""自然饱和度"及"色彩平衡"等调整图层，对照片的曝光与色彩进行美化即可，其操作方法与 9.1 节的方法基本相同，故不再详细讲解。

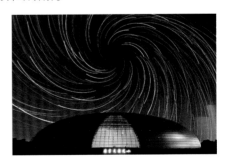

9.3 将暗淡夜景处理为绚丽银河

扫描二维码观看本例视频教程

案例概述

在拍摄天空中的银河时，通常是以30秒或更短的曝光时间以及较高的ISO感光度进行拍摄的，以保证拍摄到没有发生任何移动的星星。但对于昏暗的天空来说，即使银河与星星获得了足够的曝光，但画面仍然会显得极为暗淡，而且会产生大量的噪点，这也正是银河照片在后期处理时的重点。建议在拍摄时采用RAW格式，从而为后期处理留下更大的调整空间。

调整思路

在调整银河照片时，可根据使用的软件分为两部分。第一部分是在Camera Raw中，充分利用RAW格式照片的宽容度，首先确定照片的曝光及色彩基调，然后对照片的对比度、亮部、暗部以及主体、细节等元素分别进行调整，最后，再对照片进行除噪处理即可完成第一部分操作；第二部分操作是在Photoshop中完成的，通常是对细节进行深入的调整，如修除多余元素、美化曝光、色彩及立体感等。

技术分析

本例在技术上主要分为两部分：第一部分是在Camera Raw的"基本"选项卡中调整照片的曝光及色彩，然后使用渐变滤镜工具和调整画笔工具对银河及其他局部区域进行分别调整，最后再结合"细节"和"镜头选项卡"对照片进行降噪和消除暗角的处理；第二部分是在Photoshop中修除左下方的多余元素，并对整体的色彩、立体感等属性做深入调整。

调修步骤

01 确定照片的基调

　　照片的素材照片较为昏暗，因此首先来调整其曝光及白平衡属性，从而确定其亮度与色彩上的基调。

　　在Photoshop中打开随书所附光盘中的素材"第9章\9.3-素材.NEF"，以启动Adobe Camera Raw软件。

　　选择"基本"选项卡并向右拖动"曝光"滑块，以提高照片的曝光。

在基本调整好照片的曝光后，可以看出照片整体偏向于暖调色彩，而本例是要处理得到一种银河为紫色调、天空为蓝色色调的效果，因此下面来调整照片的白平衡，以初步确定其色彩。

分别拖动"色温"和"色调"滑块，以确定照片的基本色彩。

分别调整"高光""阴影""白色"和"黑色"滑块，以针对不同的亮度区域，进行曝光调整。

02 深入调整曝光

在确定照片的基调后，下面来深入调整照片的曝光。

向右侧拖动"对比度"滑块至 +100，以提高照片的对比。

03 提高照片的色彩饱和度

向右侧拖动"自然饱和度"滑块，以提

高照片的饱和度。

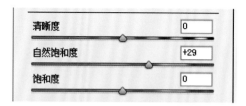

此时注意观察银河两侧天空的饱和度，会发现银河以及右下方含有大量杂色的区域，稍后会进行专门的调整。

04 调整银河

通过上面的处理，已经初步调整好了照片的曝光和色彩，下面将开始分区域进行优化调整，首先是对银河主体进行处理。

选择调整画笔工具，在右侧的参数区的底部设置适当的画笔大小及羽化等属性。

在右侧参数区的上面设置任意一个参数（只要不是全部为 0 即可），然后在银河上进行涂抹，再在右侧分别调整各个参数，以调整银河的曝光、对比度以及色彩等属性。

上面的操作中先设置任意参数并涂抹，然后再设置详细参数，主要是为了先确定调整范围，这样在右侧设置的参数才能实时显示出来，从而调整出需要的效果。如果所有的参数都为 0，则无法使用调整画笔工具进行涂抹，此时会弹出错误提示框。

05 调整天空

在完成银河主体的处理后，下面来对银河左右两侧的色彩进行调整，使其变为纯净的蓝色，其中右下角存在的大量杂色，也可以通过本次操作进行覆盖。

选择渐变滤镜工具，在右侧设置任意参数，然后从右下角向左上方拖动，以确定其调整范围，然后在右侧设置其"色温"及"色调"参数，以改变银河右侧天空的色彩。

按照上述方法，再从左上角向右下方绘制一个渐变，并设置参数，以改变银河左侧天空的色彩。

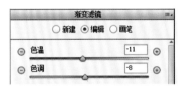

06 消除暗角

至此，我们已经基本完成了对照片各部分的曝光及色彩的处理，下面来消除照片的暗角，使整体更加通透。

选择"镜头校正"选项卡，并向右拖动"镜头晕影"区域中的"数量"滑块，直至消除暗角为止。

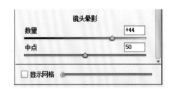

07 消除噪点

将照片放大至 100% 可以看出，虽然本例的照片是使用尼康顶级数码单反相机 D4S 拍摄的，但由于使用了 ISO 1600、30 秒的拍摄设置，而且环境昏暗，因此画面在提亮后显现出了大量的噪点。下面就来将其消除。

要特别说明的是，由于本例的照片设置的感光度较高，曝光时间较长，因此照片中出现了大量的星光，这对于照片表现来说并不是一件好事，因为大量的星光使画面显得非常凌乱，缺少层次感，因此下面在消除噪点时，将设置极高的参数，从而消除一部分暗淡的星光。

选择"细节"选项卡，在其中的"减少杂色"区域中分别拖动各个滑块，以消除噪点及暗淡的星光。

由于设置的参数极高，下方的建筑损失了大量细节，此时可以不用理会，在使用 Photoshop 进行调整时，会重新对此处的建筑进行处理。

下图所示是消除噪点后的整体效果，可以看出，通过上面的处理，已经消除了很多星光，整体看来更加通透且有层次感。

08 导出JPG格式图片

通过上面的操作，我们已经基本完成了在 Camera Raw 软件中的处理，下面要将当前的处理结果输出成为 JPG 格式，以便于使用 Photoshop 继续处理。值得一提的是，摄影师可以直接在 Camera Raw 软件中单击"打开照片"按钮，即可应用当前的参数设置，并以

JPG 格式在 Photoshop 中打开，但在本例中，将输出一个略小的照片尺寸，因此需要下述方法转换 JPG 格式照片。

单击 Camera Raw 软件左下方的"存储照片"按钮，在弹出的对话框中，设置其参数。

设置完成后单击"存储"按钮即可生成一个 JPG 格式的照片。

提示： 若按住Alt键单击左下角的"存储照片"按钮，可以使用之前设置好的参数，直接生成JPG格式的照片。

注意此处不要退出 Camera Raw 软件，下面一步的操作中还需要继续调整。

09 处理建筑物照片

在第7步中已经说明，由于消除噪点时使建筑照片损失了大量细节，因此下面来专门对建筑进行优化处理，然后在 Photoshop 进行合成。

选择"细节"选项卡，在其中重新调整"减少杂色"区域中的参数，这次是以建筑照片为准，在消除噪点的同时，尽可能保留更多的照片细节。

重新设置降噪参数后，按照第 8 步的方法，将其存储为 JPG 格式即可，无需专门设置名称，有重名时，软件会自动重命名。

单击"完成"按钮退出 Camera Raw 软件。

10 叠加并抠选建筑照片

通过前面的操作，我们已经输出了两张分别针对天空和建筑进行降噪处理的照片，下面来将它们拼合在一起，并将建筑抠选出来，从而将两张照片中处理好的部分拼合在一起。

打开第 8~9 步中导出的照片，使用移动工具，按住 Shift 键将第 9 步导出的照片拖至第 8 步导出的照片，得到"图层 1"。

使用磁性套索工具沿着建筑的边缘选中建筑及其右侧的照片。

建筑左侧的照片是要修除的，因此无需选中。

单击添加图层蒙版按钮 □ 为"图层 1"添加图层蒙版即可。

此时，除左下角的照片外，建筑与天空照片都是我们所需要的部分，下面再对建筑的色彩进行美化处理。

单击创建新的填充或调整图层按钮 ●.|，在弹出的菜单中选择"自然饱和度"命令，得到图层"自然饱和度 1"，按快捷键 Ctrl + Alt + G 创建剪贴蒙版，从而将调整范围限制到下面的图层中，然后在"属性"面板中设置其参数，以调整照片整体的饱和度。

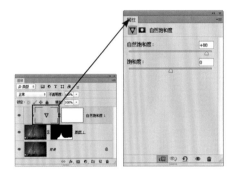

11 将左下方的照片处理为剪影

在当前的素材照片中，左下角的照片存在大量的人工光，导致大面积区域曝光

过度，并且其照亮了周围的景物，显得非常杂乱，因此下面将参考建筑右侧的照片，将此处处理为剪影效果。

使用磁性套索工具沿着左侧照片的边缘绘制选区，以将其选中。

与建筑相交的区域多选一些没有关系，因为后面会用"图层1"盖住这里的剪影。

选择吸管工具并在右侧的剪影照片上单击，从而将其颜色吸取为前景色。

选择"背景"图层并新建得到"图层2"，按快捷键 Alt+Delete 填充前景色，按快捷键 Ctrl+D 取消选区。

提示：当前剪影的上方还存在一些多余的元素，暂时不用理会，我们会在后面完成大块照片的处理后，再对这里的细节进行修饰。

12 为左下方照片添加细节

通过上一步的操作，我们已经将左下角的照片区域填充为剪影，但对比右下方的照片后发现，此处由于缺少地面元素而显得失真，因此下面将通过复制右下方的照片并适当处理的方法，为左下方添加细节。

按 Ctrl 键单击"图层1"的图层蒙版，以载入其中的选区，然后使用套索工具并按住 Alt 键进行减选，得到下图所示的选区。

按快捷键 Ctrl+Shift+C 或选择"编辑－合并拷贝"命令，再选择"图层2"并按快捷键 Ctrl+V 执行"粘贴"操作，得到"图层3"。

按快捷键 Ctrl+T 调出自由变换控制框，在控制框内单击右键，在弹出的菜单中选择"水平翻转"命令，然后将其移动至左下方，并适当调整其大小。

得到满意的效果后，按 Enter 键确认变换即可。

13　修饰左下方照片及相关细节

观察左下方的处理结果可以看出，从右侧复制过来的照片与这里有一定差异，看起来不是很协调，因此下面来对其进行调暗处理。

单击创建新的填充或调整图层按钮 ●.，在弹出的菜单中选择"曲线"命令，得到图层"曲线1"，按快捷键 Ctrl + Alt + G 创建剪贴蒙版，将调整范围限制到下面的图层中，然后在"属性"面板中设置其参数，以降暗照片。

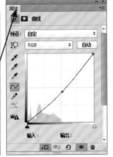

下图所示是单独显示"图层4"中照片时的效果。

按照上述方法，在所有图层上方新建得到"图层5"，然后将建筑右侧多余的指标牌等照片修除，使照片整体更加干净、整洁。

下面来修除剪影上方多余的电线杆及杂色等元素。

选择"背景"图层并新建得到"图层4"，选择仿制图章工具 ▲ 并设置适当的参数。

使用仿制图章工具 ▲ 按住 Alt 键在电线杆附近单击以定义源照片，然后在电线杆及杂色等照片上进行涂抹，直至将其修除为止。

14　调整建筑局部的色彩偏差

观察建筑及其左侧的剪影可以看出，二者的色彩并不相同，而导致画面失真，下面就来解决此问题。

选择"图层5"，单击创建新的填充或调整图层按钮 ●.，在弹出的菜单中选择"色彩平衡"命令，得到图层"色彩平衡1"，在"属性"面板中选择"阴影"和"中间调"选项并设置参数，以调整照片的颜色。

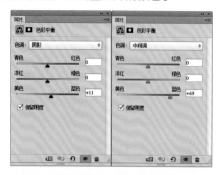

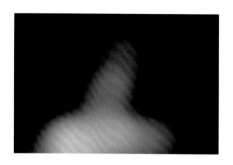

此处只是为了调整建筑左下角的色彩，因此在调整时只关注对此处的调整即可，下面来利用图层蒙版将调整范围限制在建筑的左下角。

选择"色彩平衡1"的图层蒙版，按Ctrl+I键执行反相操作，设置前景色为白色，选择画笔工具▱并设置适当的参数。

使用画笔工具▱在建筑左下角进行多次涂抹，直至得到自然的蓝色色彩，与其左侧的剪影相匹配为止。

按住Alt键单击"色彩平衡1"的图层蒙版可以查看其中的状态。

15 提高银河及建筑的立体感与细节

为了让银河主体的细节更为突出，并提高其与建筑的立体感，下面将通过高反差保留的方法对二者进行处理。

选择"图层"面板顶部的图层，按快捷键 Ctrl + Alt + Shift + E 执行"盖印"操作，将当前所有的可见照片合并至新图层中，得到"图层6"。

选择"滤镜 – 其它 – 高反差保留"命令，在弹出的对话框中设置"半径"数值为14.1，并单击"确定"按钮退出对话框。

设置"图层6"的混合模式为"柔光"，即可增强照片整体的立体感与细节。下图所示是处理前后的局部效果对比。

下面通过添加并编辑图层蒙版，来隐藏银河与建筑以外的效果，一方面是为了只突出银河与建筑，另一方面是减弱周围星光的强度，避免照片失去层次。

单击添加图层蒙版按钮 ◙ 为"图层6"添加图层蒙版，设置前景色为黑色，选择画笔工具 ✎ 并设置适当的画笔大小及不透明度，在银河与建筑照片以外的区域涂抹以将其隐藏。

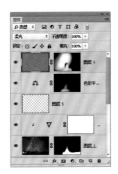

按住 Alt 键单击"图层6"的图层蒙版可以查看其中的状态。

本章所用到的素材及效果文件位于随书所附光盘"\第9章"文件夹内，其文件名与节号对应。

图书在版编目（CIP）数据

数码摄影后期必备技法Photoshop CS6/CC. 旅行风光
篇 / 孙树娟编著. -- 北京：人民邮电出版社，2017.2
ISBN 978-7-115-44081-5

Ⅰ. ①数… Ⅱ. ①孙… Ⅲ. ①图象处理软件 Ⅳ.
①TP391.413

中国版本图书馆CIP数据核字(2016)第296909号

内 容 提 要

本书以38个旅行风光照片处理案例为引导，本着"授人以鱼不如授人以渔"的讲解原则，对每个案例都会分析其问题的成因、解决问题的方法以及实现修饰的技术，并在每一个步骤的讲解中，又会详细分析"做什么""为什么这样做"以及"为什么不那样做"等，从而让读者真正将每个案例学透，掌握其精髓。除了讲解Photoshop的使用外，本书还着重介绍其与Camera Raw、Photomatix、Noiseware等插件相配合修饰旅行风光照片的技法，以更好地应对各种不同的风光照片调修需求。

本书还提供了所有案例的多媒体视频学习资料，读者可以通过观看这些视频文件学习并熟练掌握旅行风光照片后期处理技法。

本书不但适合于摄影爱好者、美工、网店店主、平面设计师、网拍达人、图形图像处理爱好者，也可作为社会培训学校、大中专院校相关专业的教学参考书或上机实践指导用书。

◆ 编　著　孙树娟
　　责任编辑　张　贞
　　责任印制　周昇亮

◆ 人民邮电出版社出版发行　　北京市丰台区成寿寺路 11 号
　　邮编　100164　　电子邮件　315@ptpress.com.cn
　　网址　http://www.ptpress.com.cn
　　北京盛通印刷股份有限公司印刷

◆ 开本：690×970　1/16
　　印张：12.25　　　　　　　　2017 年 2 月第 1 版
　　字数：298 千字　　　　　　2017 年 2 月北京第 1 次印刷

定价：59.00 元（附光盘）

读者服务热线：(010)81055296　印装质量热线：(010)81055316
反盗版热线：(010)81055315
广告经营许可证：京东工商广字第 8052 号